美学
其实既好看又有用

朱珂苇 编著

中国华侨出版社

图书在版编目（CIP）数据

美学其实既好看又有用 / 朱珂苇编著 . —— 北京：
中国华侨出版社，2017.4
　　ISBN 978-7-5113-6751-8

　　Ⅰ . ①美… Ⅱ . ①朱… Ⅲ . ①美学 – 通俗读物 Ⅳ .
① B83-49

　　中国版本图书馆 CIP 数据核字（2017）第 067548 号

美学其实既好看又有用

编　　著：朱珂苇
出 版 人：方　鸣
责任编辑：待　宵
封面设计：施凌云
文字编辑：杨　君
美术编辑：杨玉萍
经　　销：新华书店
开　　本：880mm×1230mm　1/32　印张：8　字数：157 千字
印　　刷：北京鑫海达印刷有限公司
版　　次：2017 年 7 月第 1 版　2017 年 7 月第 1 次印刷
书　　号：ISBN 978-7-5113-6751-8
定　　价：38.00 元

中国华侨出版社　北京市朝阳区静安里 26 号通成达大厦 3 层　邮编：100028
法律顾问：陈鹰律师事务所
发 行 部：（010）58815874　　传　真：（010）58815857
网　　址：www.oveaschin.com
E-mail：oveaschin@sina.com

如果发现印装质量问题，影响阅读，请与印刷厂联系调换。

前言 PREFACE

说起美学，人们都会想到"阳春白雪"，觉得自己既需要它却又触之不及。人们之所以觉得需要美学是因为"爱美之心，人皆有之"，每个人都崇尚美的事物，都需要美的生活，都想让自己从内到外都是美的。但是为什么人们又觉得美学是触不可及的呢？因为人们总是觉得美学本身是一门非常高深的学问，它源于哲学范畴，向来都是美术领域和高校课堂上的一门课程，好像与实际的生活美化有很大一段距离。从苏格拉底叹息着说"美是难的"，到美学国度的"哥德巴赫猜想"，再到众多美学家对美的亲身实践和探索，无不给人们一种错觉，那就是美学是一种非常玄妙又深奥的学问，是普通大众所不能触及的。难道美学真的就这么遥不可及吗？

不！美学并不是遥不可及的，美学其实很简单！虽然作为一种学术学科，美学是难的；虽然古今中外的美学家一直没有准确地研究出"美是什么"；虽然审美涉及很多高深的学问，但是，我们统统可以不去理会，我们只要学会美化我们的生活，学会欣赏生活中的美，学会提高生活品位就足够了。这些与那些高深的理论无关,与那些美学研究无关!

其实,美学本身就是一门研究美、美感、美的创造及美育规律的科学。学习和探讨审美活动的起源、美感心理、审美活动的构造与形态等,不但可以扩大哲学视野和提升理论素养,而且对我们理解人类生活价值追求和艺术创造,提高审美修养和艺术鉴赏力,提高人生品位大有裨益。

本书将大众所触不可及的深奥美学与人们的生活实际相结合,从大众的视角来阐述美学的相关知识,让人们能够轻松地掌握美学知识并能将美学知识运用到生活当中,指导人们去提高自身的美感力并不断美化自己的生活。

目录 CONTENTS

第一章 美形美态学问多 /2

美之众说纷纭 / 2

你能从美学中学到什么 / 6

"我见青山多妩媚,料青山见我应如是" / 10

狂热的骚动:艺术美 / 15

人格之美 / 18

美的秩序 / 22

第二章 你今天审美了吗 /27

谁在审美 / 27

爱美之心人皆有之 / 30

一片风景,如果没有人去观照,它就失去了"见证" / 35

为什么文人偏爱竹 / 39

距离产生美 / 43

人间万象模糊好 / 47

"不著一字"如何"尽得风流" / 51

断臂的维纳斯：缺陷美 / 56

第三章　美感的庐山真面目 / 60
为什么有人无法感受蒙娜丽莎的美 / 60
"山重水复疑无路，柳暗花明又一村" / 65
孔子缘何三月不知肉味 / 69
悲喜交加方是人生 / 72
美感 VS 快感 / 77
独乐乐，不如与人乐乐 / 82
焦大会爱上林妹妹吗 / 86

第四章　人的美感从何而来 / 89
白居易为何"渐恐耳聋兼眼暗" / 89
创作需要一百只眼和一百只手 / 95
一触即觉，一见倾心 / 98
为何情人眼中出西施 / 101
"明月松间照，清泉石上流" / 104
"风摇翠竹，疑是故人来" / 107
物我感应，享受无穷乐趣 / 110

第五章　审美想象原理 / 113
广阔、自由、随意 / 113
想象的途径 / 118

梦中行路 / 122

幻想中的真实 / 126

第六章　什么干扰了你的美感 / 132

为艺术而感动 / 132

痛快淋漓，激烈而短暂 / 136

我爱竹石，竹石亦爱我也 / 143

第七章　感性遇见理性 / 149

美的外在到内在 / 149

审美渐悟 / 153

丰富的美感 / 158

艺术的追求在于神似 / 161

第八章　完美世界最简单的叙述方式 / 167

最简单的叙述方式 / 167

嫩绿枝头红一点 / 172

线条里的情绪 / 175

受欢迎的圆形 / 178

危险的倾斜 / 182

宽屏电视更受欢迎 / 186

第九章　色彩造就缤纷世界 / 191

没有色彩的世界 / 191

太阳的彩衣 / 196

冬天的深色衣服 / 201

用颜色减肥 / 204

这不是我买的那件衣服 / 208

颜色的个性 / 213

第十章　追求世界的本真 / 217

立体的视觉 / 217

城市需要雕塑 / 222

光创造的空间 / 226

让人迷醉的声音 / 230

声音里的情绪 / 233

乌鸦的叫声 / 237

听声识人 / 242

开启美学之门 »

学习美学让生活更美好!

第一章 美形美态学问多

美之众说纷纭

古希腊美学家柏拉图在《大希庇亚斯篇》中记述了这样一次对话,那是2 500年前哲学家苏格拉底同诡辩家希庇亚斯关于美的一次辩论,当时,学识渊博的苏格拉底同以教人诡辩的希庇亚斯对"美是什么"展开了一段争论。希庇亚斯一开始就认为"美就是一位漂亮小姐",但苏格拉底很快就用女神的美让其无可反驳。但希庇亚斯马上又提出:"美不是别的,就是黄金。凡是东西加上它,得到它的点缀,就显得美了。"这种提法也被苏格拉底有力地否决了。至最后,苏氏只好长叹一声说:"我在同您的讨论中得到益处,那就是更深切地了解了一句谚语'美是难的'。"

这篇对话记录是柏拉图早期的作品。其中苏格拉底的观点充分地体现了柏拉图对美的看法。而最后苏格拉底关于"美是难的"的感叹,也从一个侧面道出了人类对美的探索那漫长而又艰难的道路。

"美"究竟是什么?看似简单的问题一直延续了2 000多年,在这个过程中,人们对美下了各种各样的定义,但是都不能准确地表明什么是美。可以说,这是美学国度的哥德巴赫猜想。

西方视野中的美

西方对于美的本质的探讨,最早的当属毕达哥拉斯学派,该学派的成员大多是数学家、天文学家和音乐家,他们认为数是万物的本原,因此,美就是数的和谐。他们首先发现声音的质的差别是由发音体方面的数量的差别所决定的。比如,琴弦长,声音就长;振动的速度快,声音就高。后来,他们把在音乐中数的和谐的道理推及建筑、雕塑等其他多种艺术形式上,就得出了一些经验性的规范,比如黄金分割。

可以看出,毕达哥拉斯学派偏重于美的形式研究,是从宇宙自然的角度来追寻美的本质。而相比之下,苏格拉底则是从社会的角度来追寻的。苏格拉底不承认有绝对的、永恒的美存在,他认为,美是相对存在的东西,"一个粪筐也可能是美的","而一个金盾也可能是丑的";"一桩东西对饥饿来说是好的,对热病来说就不好;对赛跑来说是美的东西,对摔跤来说往往可能就是丑的。因为一切事物对它们所适合的东西来说,都是既美又好的;而对它们不适合的东西,则是既丑又不好"。简单来说,美就是

"合适"。

在对美的本质的追寻上,作为苏格拉底的学生,柏拉图是青出于蓝而胜于蓝的,他可谓是西方美学的开山鼻祖,也正是从他开始,美才真正成为哲学研究的对象。柏拉图划分出了三个世界:理念的世界,即真实;现实的世界,即影子;艺术的世界,即影子的影子。基于此,他得出了一个结论:具体的美是对"美的理念"的一种分享,美就是"美的理念"本身。

在西方,对于美的本质的研究者和大成者可谓比比皆是,比如康德,他是从人的心灵能力出发来进行美的讨论的,认为"美是无目的的和目的性";黑格尔,他批判地吸收柏拉图、康德等人的有关思想,在他的辩证唯心主义哲学的基础上加以发展得出"美是理念的感性显现";马克思,虽然他没有写过专门的美学著作,但是在他的思想体系中,包含着丰富的美学思想,他认为,生存是审美的前提,美依赖于人类实践。

中国学者视野中的美

中国古代的学术研究已经涉及美学,"意象"和"意境"便是中国古典美学最基本的审美范畴。但是我国对美的本质问题的探讨却始于20世纪50年代。大家围绕着美的本质,形成了四种观点:

第一,主观说,即把美等同于美感。这种观点以吕莹和高尔太为代表。他们看到了人的感受、体验、情感等方面的联系,但却完全否定客观事物在美感形成过程中的作用，是有片面性的。

第二，客观说，即认为"美是客观的，不是主观的，美的事物之所以美，是在于这事物本身，不在于我们的意识作用"。这种观点以蔡仪为代表。

第三，主客观统一说，即认为美只是艺术的特征。该学说以朱光潜为代表，他强调"美既离不开物（对象或客体），也离不开人（创造和欣赏的主体）"。

第四，客观性与社会性的统一说，它强调了美的人类实践。该学说以李泽厚为代表。他对美是客观的表示肯定，但这种客观性不等于蔡仪所说的客观性。他强调了这一学说在解释美与社会生活的联系方面是有贡献的，但否定美与主体情感、兴趣等方面的联系及忽视客观事物的自然属性在美的形成中的作用，所以也是片面的。

阿喀琉斯的脚踵

阿喀琉斯是古希腊的一位神话英雄。在他出生的时，脚踵之外的身体部位都被母亲海洋女神忒提斯倒浸在了冥河的水中，这样，就使他留下了最终致命的弱点，那就是脚踵没有防卫能力，而除了没有浸水的踵部外，任何武器都伤害不了它的身体其他部位。在特洛伊战争中，他英勇无敌，连连获胜，但后来却被特洛伊王子帕里斯用箭射中脚踵而死。

"美是什么"这一美学国度的哥德巴赫猜想，造就了各家学

说观点，虽然这些美学家和流派不乏真知灼见，但总会有一些漏洞，没有人能够尽善尽美地指出美的真正本质。所以，美学家们把这种现象比喻成了阿喀琉斯的脚踵。

因此，别说你懂美，也不要强迫自己懂美。只要你能感受到美，能愉快地享受生活中美的事物，并学会美化我们的生活就足够了。

你能从美学中学到什么

在希腊神话中，有一个非常美妙的故事：

帕琉斯和女神特提斯结婚的时候，大设婚宴，邀请凡间不少名士和天上所有的大小神来参加，但是唯独没有邀请不和女神厄里斯，厄里斯知道了这件事，非常恼怒，便向参加婚宴的神与人报复，在席间扔下一个金苹果，金苹果的上面刻着"赠给最美丽的美人"。

三个女神赫拉、雅典娜和维纳斯因为都想得到这个苹果而相互争吵。后来争执不下去就去找宙斯作评判，但是宙斯拒绝了，还告诉他们，帕里斯是审美专家。于是她们就去了人间找特洛伊国王遗弃的儿子帕里斯评判。

三位美丽的女神站在帕里斯面前，分别用权势、荣誉和美丽的妻子来贿赂他。最终他放弃了权势和荣誉，把金苹果送给了维纳斯，于是世界上最美丽的女人海伦和他堕入爱河。

这个故事不仅反映出美和审美在西方人眼中的重要地位，也反映了美在人们生活中的重要性。美具有无限的魅力，追求美和审美的境界是人的天性，所以才形成了最奥妙但能使人们更好地追求美的美学。

那么人们到底能在美学中学到什么？美学可以为我们的生活带来什么呢？

不懂美学，你就不能解释这一切

我们先不去理会那些距离我们现实生活很远的事物，就从我们身边的事情说起。所有人都会承认恰当的比例是美的。人和其他生物的美也往往建立在对称基础之上，眼睛一大一小确实谈不上漂亮，颧骨一高一低的脸肯定有点难看。然而，为什么不成比例、毫不对称的一些人物雕塑，旁逸斜出的盆景，以及身体各部分比例迥异的天鹅、孔雀，同样给人以美感？

整齐一律也被人们认为是美的，比如阅兵式上士兵们整齐划一的步伐、路边成排的树，等等，但是如果所有的人走路都"整齐一律"，或者树木花草都是一样的颜色和一样的形状，那还会美吗？中国古典宫殿，特别讲究整齐一律，所有的建筑物都在一条笔直的中轴线上，呈现出一派雄浑肃穆的气势。而江南庭园，林木掩映，虚实相间，一面影壁，一条回廊，一孔石桥，一池春水，一丛假山，一座长亭，"曲径通幽"，"别有洞天"，显得错杂多变，同样令人赏心悦目。若是园林中处处对称，建筑群整齐划一，那还有无尽的韵律，动人的魅力吗？

我们再进一步提升一下问题的级别,来看看艺术美。中国水墨画以"黑"为主,但是黑的荷叶却似乎比绿的更绿,更让人感到青翠欲滴;徐悲鸿擅长画马,其中还有很多三条腿的,但人们统统不以为假,反称其妙;在中国戏曲舞台上,可以空壶倒酒、空杯畅饮,仰天大笑之中地动山摇,但在影视艺术中,细节的真实却非常重要,常常会因一个细节失真而使观众倒胃口。这些艺术形式在观赏者的审美感受中如此大相径庭的现象又如何解释?

生活中还有许多事情可以触发我们的美学思考,而只有通过对美学的学习,才能够解释生活中一些审美现象,才能让人更加深刻地感受到美的真谛。

学习美学能帮助你成为审美的人

如果你的生活一点美感也没有,那会是什么样?面对这个问题,很多人都会回答很难想象。俄国哲学家车尔尼雪夫斯基认为美是生活,美感能引起人赏心悦目的快感。孔子在听到"韶乐"后,"三月不知肉味",说明美感能给人带来生理和心理的双重享受。

在现代社会中,生活节奏飞快,各种竞争非常激烈,这使得人们担负了过重的压力并缺乏时间来欣赏美、感受美,所以现代人很容易抑郁。而调节抑郁的方法,其实就是安排出更多的时间去感受美好的事物,一旦能重新感受到美,人的心情就会很快好转,抑郁之情也就烟消云散。当然,如果一个人过于空闲而无所事事,又缺乏美感知识,也无法在空虚无聊中感受到生存的意义,而改变这种现状的方法，就是让他们参与能体验到美的活动，使他们重新找到自我认证，才能活得美起来。

可见，美是保证人们生活得美满的重要元素。增加生活中的美，学会鉴赏生活中的美，能让我们获得更多的幸福感。生活中无处不在的美需要我们去发现、去感受、去体味、去探索。但是不要以为只要用一双眼睛和两只耳朵就可以感受美和体验美了，那只是浅尝辄止的表层感觉，要想真正地让自己身心愉悦，就需要懂一点美学知识，把自己从自然的人提升为审美的人。所以，从美学中，你可以学习到如何成为一个审美的人。

学习美学能够让人获得自我的提升

人们之所以能获得美感，源自内心对于美的事物的感应，这种感应能让人不断肯定自我的内心，并获得自信。即使是纯粹的美感享受，也是自我塑造和自我生成的手段。

从历史到现实，从自然到社会，从生活到艺术，无不在美学这门学科的视野之内。人们只要通过对美学的学习就会提升自己的美感，就会获得一把开启美学圣殿之门的钥匙，就能登堂入室去撷取那美的瑰宝。美不仅仅是美学家和从事与美相关的职业的人才可以拥有的，科学家、工程师、商人等，任何人都可以拥有美和追求美的权利和能力。而美学就是一门教我们感受美、欣赏美、收获美、创造美的学问，它可以让我们的灵魂变得更善良、更细腻、更雅致，让我们更懂得人、更理解人，更富感情、更具

爱心，因而使自己秀外而慧中，更显可爱也更显魅力。归根结底，美学能让人提升美感，最终获得自我的提升。

"我见青山多妩媚，料青山见我应如是"

从古至今，自然美一直是文人学者经常赞颂推崇的美，既因为自然美无处不在，又因为自然美的本真特性。

"我见青山多妩媚，料青山见我应如是"是南宋词人辛弃疾在晚年时所作的《贺新郎（甚矣吾衰矣）》一词中的句子。它的意思是说：我看见青山姿态美好，可亲可爱，料想青山看见我也应当产生同样的感觉。据说，这两句是辛弃疾平生非常得意的词作，以至于常常在客人面前吟诵。辛弃疾所看到的青山的妩媚就是自然美。而"料青山见我应如是"则赋予这一审美活动更高一层的哲学意味，把词人自身变成青山的审美对象，把自己变成自然美中的一部分。这不仅是审美主体和客体的一种互动，更是对自然美最好的诠释。

那么在美学意义上什么才是自然美呢？它的魅力还源自于哪里呢？它为我们的生活又带来了什么？

青山的妩媚就是自然美

自然美是指客观存在于自然界中的万事万物的美，是在审美活动中对人具有特定审美价值的自然物和自然现象的品质特征。山水花鸟、日月星辰、雨露霜雪,乃至晨曦中的一缕清风,夕照中的一抹晚霞,都向人们展示了大自然多姿多彩的美色。在辛弃疾的这两句词中,青山的妩媚就是自然美,它与社会美、艺术美、形式美,都是人的审美对象。其中,自然美与社会美合称为现实美。

自然美的表现是非常丰富的。既包括未经人化的自然美,如一碧如洗的蓝天之美、浩渺无垠的大漠之美、天象之美、地象之美、气象之美,等等,在旅游审美范畴就叫作自然景观;还包括已经人化的自然美,比如我国的万里长城之美、千里运河之美以及亭台楼阁、寺观桥塔之美,等等,在旅游审美范畴就叫作人文景观。

自然美也包括动物和植物的美,而应该特别提出来的是人的天然形体之美。人的形体之美是自然美的高级形态,也可以说是自然美的顶峰。人本身就是大自然的一部分,而人的形体也是大自然的辉煌杰作。莎士比亚曾赞美"人"说:"呵,宇宙的精华,万物的灵长!"也就是说,人经过几十万年岁月的冲刷和劳动的磨炼,集合和承载了万物的精华,使得人类成为万物之灵,加之人类对世界的创造,人本身也逐渐变得美了。

自然景物之所以是美的,就是因为它们作为人的生命存在的必要条件,不仅符合了人的感觉需要和特性,而且还能够满足人在特定情境下的生命追求,启发人们对人生进行独到的领悟,激发人们积极向上的生命力,因而成为人的审美对象。

自然美的魅力来源于自然物的形式美和人文性格

自然之美是非常醉人的。在文学作品中，人们总是用壮丽、雄伟、秀丽、开阔等华丽的词来形容自然的美。人们身在美丽的自然山水中也总会发出非常愉悦的感叹。随着人们生活水平的逐渐提高，越来越多的人都会选择去各种自然景区旅游来放松自己。可见自然美的魅力有着强大的吸引力。那么自然美的魅力来源于什么呢？

自然美的魅力首先来源于自然物的形式之美。自然物总是以它五彩缤纷的色彩、动听悦耳的声音、千姿百态的形体、沁人肺腑的清香等感性形式，直接唤起人的美感；以对称、均衡、匀称、节奏、韵律、和谐等形式规律，打动人的心魄。

自然美的魅力还在于自然美具有多样性、多面性和变易性。自然美千姿百态，有静有动。比如：同样是山，又有峰、岭、峦、岫之不同的美；同样是水，既有涓涓细流、淙淙小溪、汩汩清泉，也有黄河咆哮、长江奔腾。同一自然物，随季节、天气的变化，也会呈现不同形态的美，令人大饱眼福。云彩有春晃、夏苍、秋净、冬暗，湖水有春绿、夏碧、秋青、冬黑。

自然美的魅力还有一个重要的来源，那就是它的人文性格。很多自然景物都积淀着丰富的历史文化的内容，因为一些历史人物而使其有着更深层面的美。就是因为苏轼的《饮湖上初晴后雨》中"欲把西湖比西子，淡妆浓抹总相宜"这句诗，西湖在后人们的眼中就多具了一份诗意的美。很多自然景物还有神奇的神话传

说，使得自然景物"神话连篇更有情"，给人以强烈的审美感受。比如巫山的巫山神女的神话传说，就使巫山的风景变得神奇，成为人们向往的仙境。

当然，自然美与人类的社会实践紧密相关，人类的社会实践是自然美的根源。因为在人类劳动产生之前，自然界的一切都是纯粹自在之物，既无价值可言，也无美丑之分。

自然美是人类美感最好的源泉

自然美是人类的审美对象，也是人类美感的源泉之一和艺术表现的对象之一。对自然美的欣赏不仅可以成为揭示人的性格、创造意境的手段，还可以使人开阔视野，增长知识，可以陶冶人的性情、净化人的灵魂。

自然美带给我们的不仅仅是感官上的享受，还有精神上的愉悦和修炼。北宋诗人周敦颐就在其《爱莲说》里赞美荷花"出淤泥而不染，濯清涟而不妖"，荷花这种不污不妖、亭亭玉立的形象，便象征了人的高尚品格，也是众多人学习的榜样。而中国人素来称松、竹、梅为"岁寒三友"，梅、兰、竹、菊为"四君子"，或作画或写诗赞美它们，同样是因为这些植物的审美外观象征了人所珍视的品质。

狂热的骚动：艺术美

1824年5月7日，贝多芬在维也纳首次演出他的《第九交响曲》，这部充满了关于人类命运思想的作品又名《合唱交响乐》，是贝多芬的一部规模最宏大、形象最丰富的交响乐。在演出中，《第九交响曲》以其美妙的旋律打动了听众，以至于在贝多芬出场时，受到群众五次鼓掌欢迎，而这对在那个对皇族的出场也不过只用三次鼓掌礼、严格讲究礼节的国家来说无疑是一种殊荣。交响乐引起狂热的骚动，许多人哭起来。贝多芬也在终场以后感动得晕了过去。为什么人们会有这样强烈的反应呢？

《第九交响曲》带给了人们强烈的艺术美感

艺术，是艺术家从艺术角度对生活的认识与反映，是艺术家创造性劳动的结晶。艺术美则是美的艺术的一种特质，它存在于艺术的内容与形式及其统一之中，并表现为艺术所独具的魅力。群众在听完《第九交响曲》之后为之破坏礼节甚至哭起来，这就是音乐艺术的魅力。

所谓艺术美是指各种艺术作品所显现的形象之美，如雕塑美、绘画美、音乐美、舞蹈美、戏剧美、电影美、文学作品的美等。它是艺术家按照一定的审美目标、审美实践要求和审美理想的指引，根据美的规律所创造的一种综合美，是与现实美相对的一种美的形态。

与现实美相比，艺术美是再现与表现、内容与形式、真善美与知情意的统一。因为艺术具有真实性、形象性、典型性、完善性、情感性等特征，它源于生活又高于生活，所以艺术美高于现实美，它是对现实美的提炼、概括与升华。也由此，艺术美最集中体现了美，是人的主要审美对象，也是美育的主要手段和美感的主要源泉。著名的美学家黑格尔认为艺术美是在高级发展阶段上的美，是美的高级形式。他曾说："在日常生活中，我们固然常说美的颜色、美的天空、美的河流，以及美的花卉、美的动物，尤其常说美的人……不过，我们可以肯定地说，艺术美高于自然美。因为艺术美是由心灵产生和再生的美。心灵和它的产品比自然和它的现象高多少，艺术美也就比自然美高多少。"

艺术美对于大众往往具有勾魂摄魄的作用

艺术品能够产生强烈的艺术感染力，使人感到悲伤、喜悦、愤怒、忧愁，并且在种种复杂的情绪体验中，认识人生、净化心灵、陶冶情操，从而使内在的精神世界得到升华，可见艺术美具有巨大的魅力。许多人读小说废寝忘食，观画流连忘返，听音乐如痴如醉，看戏拍案叫绝……都是因为艺术美的勾魂摄魄的魅力。贝多芬的《第九交响曲》就是因为表现出压抑、痛苦、忧郁、希望、挣扎、激奋、斗争、挫折，表现出不屈不挠的意志和最后的欢乐，在人们的头脑中构成了一幅美好的音乐形象，触到了人们的内心情感，所以才会使人们为之狂热。

艺术美之所以具有强烈的感染力,一个重要的原因,就在于其表现着艺术家的强烈感情,不具情感的艺术,是不可能产生艺术魅力的。此外,艺术美还富有形象性,它将生活再现,并将生活典型化,以美的形象感染人,寓教于乐,动之以情,所以才能使人在灵魂震撼中得到美的享受和教益,激发人改造世界、创造世界。

当然,艺术的美需要会欣赏。艺术是需要人去接受的——音乐需要人去听,舞蹈需要人去看,影、视、剧需要人去欣赏。至于绘画、雕刻、建筑、文学等,也都需要人去观察和阅读。这些都牵扯到如何去看,怎样去看,也就是欣赏问题。

《第九交响曲》虽美但不能复制人们的真正情感

《第九交响曲》表现了人们的多种情感,所以才会使人为之感动并狂热,但是并不代表它真的表达出了每个人心中的真正情感,也并不是所有观众都亲身经历了所有这些情感。所以它不是因为还原了人们的情感而使人感动,而是因为它融入了贝多芬的情感,并用一种艺术的手法,将人们的几种情感给予集中有序地表现了出来。

明代画家董其昌说得好:"以丘壑之怪奇言,画不如山水;以笔墨之精妙言,山水不如画。"这说明,虽然艺术来源于现实,艺术美不可能离开现实美并无法穷尽现实美,但艺术美绝不是现实美的复制、模拟,它熔铸了艺术家的心灵,是艺术家对世界独特的生命体验的生动演示。所以人们游了泰山依然对泰山

摄影展看得津津有味，而看了泰山的画展，仍然满怀兴味地要去登临泰山。

人格之美

齐白石是我国有名的画家。1937年7月9日北京沦陷，此后，日寇经常登门"拜访"。但是齐白石一律不见，还在大门上贴出了"停止见客"的纸条，此后不久又贴出一张"画不卖与官家，窃恐不祥"的告白，再后来又在大门上贴出四个大字："停止卖画"。一些老朋友为此非常担心他的生计，纷纷来信关心他的近况。他以一首诗回答了朋友们："寿高不死羞为贼，不丑长安作饿饕。"他还曾画了一幅《鸬鹚舟》，并题上诗文来讽刺一些人同鸬鹚一样"一饱别无知"，还指出"鸬鹚不食鸬鹚肉"，而有些人却为虎作伥，带着敌人来残害自己的同胞，连禽兽都不如。齐白石就是这样，正气凛然，坚守了一个艺术家的气节。

人的美主要体现在人的高尚的人格。齐白石的这种气节就是人格美，一个人的心灵美才是真正的美，而人格美心灵美的重要性，我们更需要给予重视，让自己成为一个具有高尚人格的"美"人。

人格是社会的核心

在词典中，人格一词有多种解释，如指人的性格、气质、能力等特征的总和，指人的道德品质，指人作为权利义务主体的资格。从词典中的解释可以看出，人格所包含的内容非常丰富，涵盖的范围大到一个人的人生观价值观，中到一个人的能力道德，小到一个人的个性习惯，而且无论从哪一点看，都对人有着十分重要的影响。

人格美则是指人的品格和品德的美，它标志着人在自我修养和自我完善方面达到的高度，体现出一个人良好的道德意识和社会行为习惯。

从人格和人格美的定义中我们可以看出，人格美与社会关系密切，是社会的核心。这几年，随着网络媒体的广泛普及，人们对社会的了解也逐渐增广加深，而所面对的社会问题也越来越多，比如见死不救、好心没好报，等等，使得人们常常感慨人格的沦丧。如果越来越多的人失去了人之所以为人的品格——人格，那么人类社会将成为一种什么样的社会呢？那是动物的世界、野蛮的社会。所以，健全的人格塑造已经成为当今社会关注的焦点，并应该一直成为社会关注的中心。

积极地与命运抗争还是微笑着接受苦难

有人说，之所以产生这些社会问题是因为社会现实的不公。但是为什么同样是家境贫寒，有人因此发愤，走上自强富裕之路，而有人却因此而堕落，走上了偷窃、杀人、抢劫的犯罪道路？这是因为每个人有不同的人格特征的缘故，有的人的人格非常健全，有的人则会有缺陷，但是只要能在生活中扬长避短，人就可以掌握自己的命运。

虽然贝多芬是音乐史上的伟人，但他的生活并不幸福，也许正是这一切苦难成就了贝多芬。在贝多芬十六岁的时候，母亲和妹妹相继去世，父亲也因此一蹶不振，开始酗酒。贝多芬的爱情生活也不幸福，他一生多情，但终生未娶。在他二十七八岁的时候，他就开始耳聋，到了晚年，他的耳聋严重到交谈都成问题，但贝多芬依旧保持旺盛的创作精力，不断地把优美的作品贡献给听众。命运对于贝多芬是不公的，但是他说："我要扼住命运的咽喉！"他的《命运交响曲》原名《第五交响曲》，是一部哲理性很强的作品，也是最能代表贝多芬艺术风格的作品，正像他的一生一样，是和命运不屈抗争的乐曲。

莫扎特与贝多芬一样有着极其痛苦的一生。他作为市民音乐家一生遭受到无穷的剥削、屈辱冷遇、贫困和痛苦，但是他矢志不渝地追寻着光明与欢乐。莫扎特一生中最后的两年是其经济最困难的时期，他曾说道："我的舌头已经尝到了死的滋味，我的创作还是乐观的。"

面对极端的人生痛苦，莫扎特的音乐与贝多芬表现出了不同的态度，但是却充分显示了他们独特的人格魅力。可以说贝多芬是一名为命运而战的战士，而莫扎特是一位微笑着受难的天使。

由此可见，人格对于一个人来说非常重要，要想让人生过得幸福美满，就需要有一个健全的人格，善于在生活中扬长避短，掌握自己的命运。

抨击黑暗不如去创造光明

美学中有三个命题，那就是真、善、美。丰子恺先生曾做过这样一个形象的比喻，他把人格看作一只鼎，而支撑这只鼎的三个足就是人的思想——真、情感——善、品德——美，这三者和谐的统一就是完美健全的人格。

如何塑造健全的人格呢？第一，要培养弹性的人格，这是最关键的。所谓弹性的人格就是对事物要有多角度的看法。它包括和谐的人际关系、良好的情绪调控能力、较强的社会适应能力、乐观向上的生活态度。第二，择优汰劣，即选择某些良好的人格品质作为自己努力的目标，淘汰自己人格的缺陷。当然这些需要在了解自己和善于发现他人优点、尊重他人的基础之上。第三，要不断学习、丰富自己的知识，这是人格美的基础。第四，从小事做起，既在一点一滴中不断优化自己的人格，也在一点一滴中发现他人的人格美。第五，融入集体，这是人格美的土壤，只有在集体中，自己的人格塑造才能顺利进行，并且也能通过自己对人格美的塑造来影响他人。

近几年，很多人在面对社会的一些问题时不是抨击人格沦丧、社会黑暗就是批评他人麻木冷漠。有些人甚至对生活的美好产生了怀疑，严重缺乏安全感，以至形成一种恶性循环，使得生活沉抑、精神萎靡。其实，与其抨击少数人的人格沦丧、社会的一些黑暗而使自己陷入各种负面情绪，倒不如塑造自己健全的人格去影响世人，创造光明。

美的秩序

宋玉在《登徒子好色赋》中对东邻之女的美有着一段非常精彩的描写："天下之佳人莫若楚国，楚国之丽者莫若臣里，臣里之美者莫若臣东家之子。东家之子，增之一分则太长，减之一分则太短；着粉则太白，施朱则太赤；眉如翠羽，肌如白雪；腰如束素，齿如含贝……"这些都赞美了身材、肤色中体现的适度美，也反映了整体美需要整体内部各要素之间有一定的秩序性。

什么是秩序性呢？就是整体内部各要素是否能通过一定的秩序组合在一起，包括整齐一律、匀称、比例、对称、均衡、反复、节奏等，它们都是令事物获得美感的重要元素。一个人的五官分开看都很标致，但组合在一起却并不美就是因为是秩序性出了问题。

整齐一律与错杂变化

整齐一律或称单纯一致、齐一、整一、秩序。这是一种最简单的形式美。无论色彩、形体或声音，于单纯一致中见不到差异和对立的因素，就给人一种秩序感。整齐一律的形式美随处可见：公路两旁的行道树、电线杆、居室铺设的地板、墙布的图案、书架上的书籍、体育场上的团体艺术体操等。诗歌中的韵脚、语言中的排比句式，也都在整齐一律中见出形式美。不过，在事物的外在形式上，如果只有整齐一律，而无错综变化，就会显得单调、板滞，没有生气，使人感到沉闷、厌烦。人的心理追求运动变化，于是就产生与整齐一律相对的另一种形式美，即错杂变化。这也是为什么城市建筑一定要高低起伏、错落有致的原因，我们可以想象一下：如果城市中都是清一色五层、六层的楼房，是不是显得很呆板呢？还有在自然中，如果林木不是高低相间而是整齐划一，群山不是峰峦叠嶂而是形状相同，人们又怎么会感受到无尽的变幻中之美色？

匀称与均衡

匀称体现的是事物的比例关系，拥有比例的事物更容易具有美感。如果事物的部分之间，以及部分与整体之间的比例，合乎一定数理规律的组合关系，或者说比例恰当、优美，就是比例匀称。匀称的比例关系，就会使事物的形象具有严整、和谐的美，即具有匀称美。我们常提到的黄金比例，最早在希腊的神庙中显示出美的形式来，而人体也处处体现着黄金比例的魅力。

匀称还指事物的对称关系。哲学家莱布尼茨有一天对人们说："没有两片树叶是相同的。"果然，人们没有找到两片完全相同的树叶，但却发现，虽然没有两片完全相同的树叶，但每片树叶都是对称的。对称是世界上最常见的现象。人体是对称的，动物是对称的，很多植物是对称的，不少建筑物是对称的。对称是这些物体美丽的原因。自然物的对称，来自自然界的进化。地球上一切事物都受重力影响，最稳定的一种形态就是对称。因为对称给人以稳定、平衡的感觉，所以令人愉悦。

均衡是指视觉重量的相等。它有两种形式，一种是对称均衡，如天平，平衡物体距离平衡点等远；一种是不对称均衡，如杆秤，平衡物体距离平衡点不等远。在均衡美中，后者因显出静中有动、均中有不均，平衡中含变化，更受人青睐。比如工地上的吊车，虽然它的手臂过长，但它的另外一边较大的体积和结实的车体能使重力均衡，从而使我们获得一种不匀称的平衡美。

节奏与韵律

节奏和韵律属于美的形式因素变化运动的规则。节奏，原为音乐术语，指音响运动合规律的周期性变化，后引申为泛指形式质料（形、色、声等）有规律地重复出现，反复变化。在节奏基础上赋予一定的情调色彩，便构成韵律。

节奏之所以能唤起人的美感，是由于它能引起人的生理节奏和心理节奏的有规律的变化，能引起人们精神上心灵上的律动，产生和谐的感觉。人们可以通过优美的节奏感到和谐美。

相比之下，韵律比节奏更富情趣，更能满足人们的审美要求。音乐需要节奏，更要有韵律；绘画、书法、建筑、诗歌等艺术中，疏密有致，浓淡照应，动静交替，虚实映衬，隐现相济，都充满了节奏，也洋溢着韵律，所以更耐人寻味。节奏韵律并不仅仅存在于音乐等艺术作品之中，在自然界，在劳动和日常生活之中的节奏和韵律正是生命的呈现。比如：冬去春来，四时代序，是时令的节奏；波峰浪谷，层层叠叠，是大海的节奏；山脉蜿蜒，陵谷相间，是地壳的节奏……而所有这一切都可以看作是大自然印下的足迹，也是生命运动的脚印，节奏韵律正是生命的象征。

调和与对比

调和，就是把两个差异中趋向一致、近似的美的形式并列起来，即把两个相接近的色彩、声音、形体等并列在一起。而对比，就是把两种极不相同的东西并列在一起，互相比较，有色彩的对比、声音的对比、线条的对比、形体的对比、性质的对比等。

在王勃的名篇《滕王阁序》中，"落霞与孤鹜齐飞，秋水共长天一色"这两句最受人欣赏，就是因为这两句运用了调和，把滕王阁附近风景的调和美凸现了出来。在色彩中，红与橙、橙与黄、黄与绿等都是邻近的色彩，并列起来就是色彩的调和；在音乐中，用谐音原理使两个以上的乐音同时发响，形成和声，是声音的调和。在建筑上，古典式建筑配上古色古香的古瓶古画，就形成了建筑物内外格调的调和。调和使人感到融洽、协调、安定、自然，在变化中保持一致，产生和谐、朦胧的美感。而对比能够使形象更加凸现，使人感到鲜明、醒目、振奋、活泼，使高大者更高大，渺小者更渺小，给人一种对立统一、相反相成、相得益彰的和谐美感。明暗、冷暖、高低、大小、方圆、清浊、曲直，等等，构成的色彩、声音、线条、质感以及空间形式的对比，无不使人感到醒目鲜明。

在各种形式美中，对比与调和又往往融合、交叉、重叠，使这些形式美更加动人。

第二章 你今天审美了吗

谁在审美

公园里长着一棵树,植物学家走来了,他细细端详着这棵树,然后头也不回地离开了,临走,说了一句话:"很一般嘛,没有什么价值。"接着,一位诗人走来了,他驻足凝视,又绕树一周,脸上露出激动的神情,他一会儿靠近它细察,一会儿又远离它眺望,他被这棵树奇特的造型和枝叶绿中带红的怪异色彩惊呆了,久久不愿离去,只听他一遍遍地赞叹:"太美了,太美了!"

植物学家和诗人谁进行的是审美活动呢?

审美是一种不带实用功利目的的情感活动

审美活动简称为审美,是指在欣赏和创造美的过程中,人感受、体验、欣赏、评价、创造美的活动。通俗来讲,审美就是对美好事物的感受和欣赏。审美活动是人的社会实践活动尤其是情感活动的一个重要方面，是美学研究的基本问题之一。审美活动与其他活动不同，它是不带直接实用功利目的、始终伴随着感性形象的活动。康德说："这是一种不凭借任何利害计较，只追求精神性快感的活动，是非物质功利的，也就是说人们欣赏蓝天白云并不是要得到什么好处，再美的音乐绘画也不能够当饭吃，它只是在精神上带给人愉悦的享受。"审美活动不需要通过概念来表达，不需要判断、推理；而是凭借生动的形象进行联想、想象和情感活动，通过形象思维获得审美感悟和审美享受，是非物质功利的或超物质功利的。所以，我们可以知道，植物学家的行为不是什么审美活动，因为他观察这棵树是为了做科学研究的，没有给他的精神带来任何愉悦。而诗人在经过仔细地观赏之后大加赞美，不带有任何功利性，只是单纯地在精神上得到了愉悦，所以，诗人才是在审美。

如果你依然分不清什么才是审美活动，那么我们再举一个简单的例子：桌上有一盘鲜红娇艳的樱桃作为模型，如果你一眼看到就想："这盘樱桃肯定很甜，如果拿过来吃掉就好了。"这就与审美无关了。如果你没有想把它吃掉，而是被它鲜艳的色彩、娇艳的外表和圆润的线条所打动，想把它画下来，那么你就是在审美了。就是这样简单！

与外物构成审美关系的活动就是审美

审美活动的内涵十分丰富。除了审美欣赏,审美创造也是审美活动。艺术家创造艺术作品,人们美化环境、美化自然、美化生活,都是审美活动。总之,审美欣赏、审美创造、审美体验、审美评价、审美鉴赏以及贯穿其中的审美心理活动,都是审美活动。从这些活动中我们可以发现,它都必须要求人与外物建立一种关系,没有这种关系就不能成为审美活动。这种关系就是审美关系,是人与外部世界关系中的一种,是人类以一种情感观照的方式来欣赏和体验着现实的美,反过来又按照美的规律来创造美的关系。

人是世界万物之灵,总是与外物发生这样那样的关系,比如认识关系、实践关系、功利关系等,审美关系也是其中的关系之一。如果没有这棵树作为审美对象,那么诗人就不会发出任何赞美的感叹,相反,如果没有诗人作为审美主体来欣赏这棵树,这棵树也不会得到赞美。所以,必须是当审美主体和审美对象同时存在,并建立起一种审美关系才能算是审美活动。

没有审美态度的审美就不是审美

这棵树的美,诗人一下就感受到了,而植物学家却感受不到。这是为什么呢?这里涉及审美态度问题。

审美态度是指人们审美地对待事物的态度,即以非功利的态度来对待事物、对象。诗人是以非功利的审美态度来对待、观赏

这棵树，自然被惊呆了，并一遍遍赞叹"太美了"；而植物学家并不是以审美态度来对待这棵树，而是以功利的态度看待它，认为这棵树没什么价值。可见，审美态度是审美活动的前提，超功利的审美态度是审美活动的最主要特征。所以，一个人要想成为审美的人，就必须让自己在审美活动中远离功利，以审美的态度对待审美对象。如果不能排除功利或利害方面的干扰，那么主体与对象就不能形成审美关系，不能进行审美活动，更不能对对象作出审美评价。

当然，审美态度是一种主观现象，所以它会受到时间、地点等客观条件的影响，更受到人的主观的心理因素，如心境、情绪等的影响。在《水浒传》的"智取生辰纲"一回中，白胜挑着一担酒唱道："赤日炎炎似火烧，野田禾稻半枯焦。农夫心内如汤煮，公子王孙把扇摇。"歌词中的农夫在"心内如汤煮"的情绪支配下，对于当时的太阳，绝不会视为一个美的形象。

所以，在审美过程中，审美主体必须使自己处于一种非实用的、非功利的、静观的审美态度，才能进入审美状态，才能观赏到美，获得审美的精神上的愉悦，也才能对对象作出正确的审美判断。

爱美之心人皆有之

在北宋元丰年间的杭州发生了这样一件案子：以卖扇子为生

计的张二向绸缎商人吴某借了三百贯钱用来买绫绢做扇子,他们约定的还钱时间是三个月后。但是不幸的是,当张二做好扇子之后,恰巧赶上了连月的阴雨,天气凉爽,人们都不需要扇子取凉,所以导致扇子滞销。三个月很快到了,张二根本无钱还债,而吴某几次催讨不成,就把张二告到了知府衙门。官府此时也左右为难:想要处罚张二,又于心不忍。这老天下雨,张二又有什么办法呢?但是不处罚张二,也不妥。自古杀人偿命、欠债还钱是天经地义的事。恰巧这时苏东坡被贬来杭州任通判,于是知府大人连忙将这件棘手的案子交给苏东坡办理。苏东坡了解了事情始末之后,就命张二将积压的扇子全部挑来,他提起笔,在每把扇子上,或描几笔画,或题几句诗。顿时,每一把扇子都变得与众不同了。于是张二挑着这些扇子上街去卖,此时的天气已经转凉了,但是这些扇子却很快被市民一抢而空。最后张二不仅还清了吴某的债务,还获利不少。

天气凉爽,为什么杭州的市民还将扇子抢购一空呢?这是因为经过苏东坡润笔的扇子,已经被美化了,老百姓买的不是扇子本身,而是扇子上的"美"。可见,杭州市民是爱美的,具有强烈的审美需要。

看山看水实畅神

审美是人类认识世界的一种特殊形式,指人与世界(社会和自然)形成一种无功利的情感的关系状态。审美需要是人类在历

史长河中所衍生的一种精神需要。

　　谢灵运曾经说过:"夫衣食,人生之所资;山水,性分之所适。"意思是说:人不仅有衣食之需,还要有"性分"方面的即审美的满足。美国心理学家马斯洛研究出著名的"需要系统",他把人的需要分为五个层次:生理需要、安全需要、归属和爱的需要、尊重的需要、自我实现的需要。其中,自我实现的需要是最高级的"超越性需要",其中包括人对审美的需求。我们把这种审美方面的精神需求,称之为审美需要。

　　人之所以需要审美,不仅仅是因为审美能给人带来生理和心理的双重享受,还因为世界上存在着许多东西需要我们去取舍,找到美的事物,可以使人摆脱庸俗、狭隘和自私,并使人择真而求,择善而从,择美而爱,使自己的人生进入诗意栖居的审美世界,超越功利的狭隘生活,获得丰富的精神体验。所以爱因斯坦认为艺术和科学创造的动力,在于"摆脱日常生活,在单调乏味和这个充满着由我们创造的形象的世界中,去寻找避难所的愿望,才是他们最强有力的动力"。连信奉人生四大皆空的佛家也会醉心于山水审美,醉心于艺术创作。在《传灯录》上说,"吃茶吃饭随时过,看山看水实畅神",意思是:茶饭只是随时过而已,而看山看水却使"万物皆备于我",让人畅神,得到高级精神享受。可见,出家人把看山看水与吃茶吃饭相提并论,甚至认为看山看水更为重要。

爱美之心人皆有之

常言道："爱美之心人皆有之。"人生来就爱美，无论是诗人、艺术家、为官者，还是普通的老百姓，都有审美的需要，都有爱美的心。

诗人、艺术家自然是有着强烈的审美需要的。李白在《秋下荆门》一诗中就表白自己挂帆东下，不是为了到东吴吃当地的鲈鱼脍等名菜佳肴，而是去游览剡中一带的名山大川。在李白看来，欣赏美景要比吃喝更重要，饱眼福胜于饱口福，审美需要高于物质享受。

当官的也有审美需要。陆游的《官衙》中写道："官身早暮不容闲，尘土堆胸愧满颜。也有向人夸说处，坐衙常对水南山。"这首诗所说的是当官的人在坐衙办公的时候，也会忙里偷闲，抬起眼睛观赏衙门对面的山水景色。

普通的老百姓也爱美。陆龟蒙的《奉和夏初袭美见访题小斋次韵》一诗有这样描写："啼莺偶坐身藏叶，饷妇归来鬓有花。"意思是：前往田间送饭的农家妇女，尽管要忙于农事，但是在回家的路上还是忍不住对花的喜爱，采了几朵野花插在头上。

可见，人的智慧从客观上决定了我们对美好事物的追求。动物只是本能地适应这个世界，而人则可以通过自己的智慧发现世界上存在的美的东西，丰富自己的物质生活和精神家园，以达到愉悦自己的目的。

审美需要是社会文明的标志

人有审美需要，除了愉悦自己的目的之外，在很大程度上也是为了完善自己。因为只有通过一代代人对周遭世界的评判，不断进化，才能形成更为完善的对事物的看法，剔除人性中一些丑陋的东西，发扬真、善、美。

在当今社会中，对美好事物的欣赏，尤其是对人性中存在的友情、亲情、爱情的审美，成为生活在钢筋水泥的城市森林中的人们源源不断的心灵慰藉，能够为他们因为物质丰富而带来的空虚心灵提供满足感。如今，我们正走向一个生态文明的时代。在这个时代，诗意栖居与和谐守望是人类应有的追求。人有了审美需要之后，审美能力就能得到提高，就会改变人生的态度，人的生存境界就会提高，人的精神境界就可能上升到更高的层面，人们才能去创造美和设计美。人与人之间就会减少虚伪与欺骗、人与人之间会变得友好、友爱和彼此守护。人的审美能力提高了，就会想方设法去维护我们赖以生存的自然界，我们与自然的关系就会逐渐达到和谐守望的最高境界，营造出一个人类美好的精神家园。人们已经越来越清楚地看到，所谓精神文明时代，如果没有对"美"的强烈追求，就不能很好地把握"美"的规律，也就谈不上社会文化的高度发展。

一片风景，如果没有人去观照，它就失去了"见证"

俞伯牙和钟子期的故事是众所周知的。一年，俞伯牙出使楚国。八月十五晚上，他在渡船上弹琴，正沉醉时，却看到一个人在岸边一动不动地站着。俞伯牙很是吃惊，那人大声地说："先生，不要惊慌，我是个打柴的，听到您绝妙的琴声，就不由得站在这里听了起来。"俞伯牙心想：一个打柴的，怎么会懂得音律？他想考验一下这个樵夫。他接连弹奏了几曲，当琴声雄壮高亢的时候，打柴人说："这琴声，表达了高山的雄伟气势。"当琴声变得舒缓时，打柴人说："这后面弹的琴声，表达的是潺潺的流水。"俞伯牙知道自己觅到了知音，就和打柴人结拜为兄弟，约定来年的中秋再到这里相会。这个打柴人就是钟子期。可第二年钟子期就病逝了，俞伯牙就在钟子期的墓边弹奏了一曲《高山流水》，然后把琴摔了个粉碎，发誓以后不再弹琴。

俞伯牙因为钟子期能够听懂自己的琴音而把钟子期视为知己。但是得知钟子期去世之后，便在钟子期的坟前扯断琴弦、将琴摔得粉碎，并立誓不再弹琴，还说："我唯一的知音已不在人世了，这琴还弹给谁听呢？"

为什么俞伯牙要摔琴而不奏？

美不自美，因人而彰

大自然之所以美，主要是自然物具有它独特的自然属性，即

色彩、声音、线条等形式美的因素，但是这只是一个方面，尽管是极其重要的一个方面。自然之美的美在于人对自然物的欣赏，正如古人所言："美不自美，因人而彰。"

法国哲学家萨特曾说过这样一句话："一片风景，如果没有人去观照，它就失去了'见证'，因而将不可避免地停滞在'永恒的默默无闻状态之中'。"可见，没有人的观照和欣赏，风景便也只是自然存在的一种现象罢了。在钟子期和俞伯牙的琴声之间，形成了一种关系，即审美关系。其中钟子期是审美主体，而伯牙弹出的琴声则是审美客体。

所谓审美主体，就是审美的人，即在社会实践特别是审美实践中形成的具有一定审美能力的人；审美客体又称审美对象，它与审美主体对应，指能引起人的美感的客观对象。离开审美客体就无所谓审美主体，同样，没有审美主体也就不存在审美客体。也就是说，一个人并不一定就是审美主体，只有他以审美的态度去观赏艺术品或自然景色，他才能成为审美主体。而自然景色或是艺术品也并不直接等同于一个审美客体，它们只有在遭遇了欣赏者那渴望而流连的目光，或被欣赏者收入耳中后，才成为审美客体。

因此，如果俞伯牙的琴声没有人去欣赏，它只能默默地随时空流逝。而钟子期的出现以及对俞伯牙琴声的欣赏则使得俞伯牙的琴声有了存在的意义。所以基于这一点，我们就可以理解为什么伯牙在钟子期死后要扯断琴弦、摔碎琴体，从此再也不弹琴了。

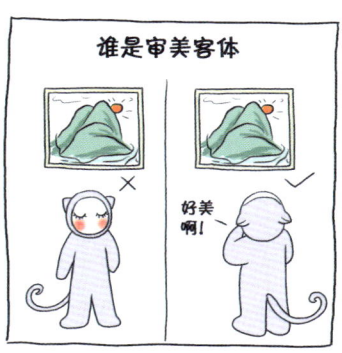

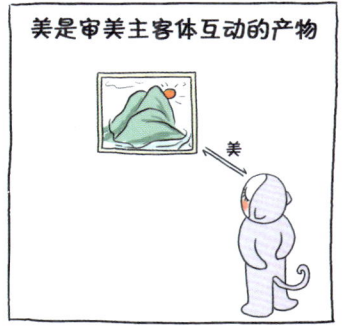

美是审美主客体互动的产物

审美主体与审美客体谁也离不开谁，二者缺一不可。在审美关系中，一般来说，审美主体是主动的，因为审美客体（艺术品或自然等）要靠主体来发现和欣赏。如果没有人去发现并欣赏它，它就不会成为人们的审美对象。但是，从审美客体的角度来讲，审美对象并不是完全被动的，有时也会主动招引、诱使主体。审美对象本身具有一种吸引力或"召唤结构"，它不断地向人发出邀请，吸引人们注意，吁请欣赏者进入它的世界。王阳明与友人游深山时，桃花仿佛瞬间向人畅开，变得明亮鲜艳起来，就体现了审美客体的这一特点。

其实，美是在审美活动中产生的，是审美主客体互动的产物。首先，人具有主动性，一旦人发现并开始欣赏审美对象时，立即与之形成了审美关系。其中，人就变成审美主体，被发现被欣赏的审美对象就成为审美客体，美也由此产生了。其次，审美对象招引、诱使主体，当主体开始注意、欣赏审美对象时，被主体欣赏的审美对象就成为审美客体，主体就成为审美的主体，审美关系立即形成，审美活动由此而展开。所以当俞伯牙得知知音人钟子期去世时，就知道自己琴声的美不再有人欣赏了，即使琴声再具备"召唤结构"，但是没有人听懂、与之互动也是枉然，所以俞伯牙摔琴而不奏。

为什么文人偏爱竹

我国的文人,对竹子有一种特殊的感情。比如李白喜欢"绿竹入幽径,青萝拂行衣"(《下终南山过斛斯山人宿置酒》);王维喜好"独坐幽篁里,弹琴复长啸"(《竹里馆》);杜甫喜欢种竹,"平生憩息地,必种数竿竹"(《客堂》)。陆游在雪溪观竹时,手舞足蹈地唱道:"溪光竹色两相宜,行到溪桥竹更奇。对此莫论无肉瘦,闭门可忍十年饥。"其爱竹之情溢于言表。

许多文人竟然爱竹成癖。《世语新说》中说,从前有叫王子猷的人,虽暂住人家空房,偏叫人于屋前种竹?友人问他:"既是暂住,何必要急于种植?"王子猷答道:"何可一日无此君?"从此,"子猷爱竹"便为后世传为佳话。

为什么文人对竹子如此偏爱、寄予如此深厚的感情呢?

竹具有较强的审美价值

文人喜爱竹子,主要是因为竹子对于人具有审美价值。所谓审美价值,是指事物对人所具有的审美意义和心理效能。一个事物或对象如果对人的精神生活有益,它的内容、形式具有独特的审美功能,能被人所把握,满足人的精神需要,我们就称它具有审美价值。审美价值是客观的,这主要有两方面原因,第一是因为它含有现实现象的、不取决于人而存在的自然性质,第二是因为它客观地、不取决于人的意识和意志而存在着这些现象同人和

社会的相互关系，存在着在社会历史实践过程中形成的相互关系。竹子的审美价值不但体现在它的外在形式上，如竹叶青翠常绿、竹竿修长挺拔、竹根盘桓流连，而且还体现在它的内在方面，比如竹子的颜色、形态和习性，使得它成为精神美的化身。竹子的偃而复伸、竹身有节、外坚中空等，可与人的许多美德情操相联系，如坚守气节、坚贞顽强、虚怀若谷、简约淡泊、清高孤直等，所以使人能产生联想，因此竹子成为这些美德情操的代言物，被文人所喜爱。

审美价值取决于对象结构和主体需要。任何自然事物、自然现象，其本身不可能构成现实的审美价值，只能构成审美价值的潜在条件。只有当它对社会中的人、对人类的社会生活具有某种意义时，能愉悦人的感官和精神、激发审美感受、美化人的生活的时候，它才能实现其审美价值。并且事物愈具有鲜明独特的审美特征，愈被人认识，其审美价值愈大。也就是说竹子因为能够使人联想到生活中的许多美德和情操，使人产生精神愉悦和美感，所以才具有审美价值。可以说，人们偏爱的不仅仅是竹子本身的外形，更是竹子所象征的各种情操和美德。而当人们越加爱竹，就会对它产生越浓厚的兴趣，认识也就会越加深刻，其审美价值也就随着人们认识的深刻而变得越大。

重视审美价值，是中国文人的一大特点

在古代文人的眼中，审美价值要远远高于实用价值。白居易

有首咏竹诗："不用裁为鸣凤管，不须截作钓鱼竿。千花百草凋零后，留向纷纷雪里看。"(《题李次云窗竹》)这首诗体现了白居易的一种观点就是：竹子的价值不在于实用方面，比如制作笛箫、鱼竿等；而在于审美的方面：千草百花凋零了，它还那么青翠，虽然风吹雨打，雪压霜侵，它还是那么坚挺。

审美价值看似无用，但是，人们的生活中却离不了审美价值。苏轼在他的《于潜僧绿筠轩》一诗中就表明了审美价值的重要性。该诗紧接过王子猷"何可一日无此君"的雅兴，仅以"可使食无肉，不可居无竹。无肉令人瘦，无竹令人俗"等寥寥几句，言语不避浅近，而说理力求深刻透彻，并且生动形象，就将竹子的清高傲岸和诗人鄙视庸俗，追求高尚的思想品格表露得淋漓尽致。在苏轼看来，没有肉吃，人会变瘦，但是居住环境没有竹子，就会让人变俗。人一时瘦点不要紧，可以再肥起来；但是人一旦变俗了，那就没有办法可以治了。而竹子是非常可宝贵的，能够让人精神愉快、清爽，脱去俗气。

很多文人像苏东坡那样，轻视物质享受，看重审美价值。例如清代郑板桥的另一首题竹诗"乌纱掷去不为官，囊囊萧萧两袖寒。撷取一枝清瘦竹，秋风江上作渔竿"，等等，这些既是对竹之精神，竹之风韵的胸臆倾吐，也是对自己一身清寒，两袖清风的自画肖像，更是对中华历史上一切有节操、坚贞不屈和关心民间疾苦的忠直文人的生动写照，无不集中地表现出了中华竹文化深沉博大的思想内涵。

从这些诗中，我们可以看到，世间事物有两种主要的价值：实用价值和审美价值。竹子虽然可以作为渔竿具有实用价值，但人们更在意的是它的审美价值，审美价值虽无用，但是却给人以愉悦的情感，能满足人的精神需求，所以文人偏爱竹。

距离产生美

常言道：距离产生美。宋代诗人游九功有一首诗："烟翠松林碧玉湾，卷帘波影动清寒。住山未必知山好，却是行人仔细看。"这首诗说的是：住在山里的人，天天面对翠绿如烟的松林、澄碧如玉的水湾、临水而居的人家以及卷帘摇动的波光云影，往往浑然不觉其美；倒是新来乍到的游人如醉如痴地仔细欣赏，沉迷在如画的山光水色之中。为什么会这样呢？

审美距离是一种审美的力度

所谓的审美距离是指审美主体与审美客体之间的距离、间隔。它包括时空距离和心理距离。审美距离在审美活动、审美关系中具有重要作用。如果说"审美"是在紧紧抓住"美"的尾巴，不让它飞，那么"审美距离"就是"审美"的力度，太轻，"美"便怅然而去，太重，"美"便郁郁而终。有时候，人只有跳出圈外，俯视其中，才能找到曾经不解的奥妙，而曾经的不解正如同"不识庐山真面目，只缘身在此山中"，"入芝兰之室，久而不闻其香"。

审美距离中最重要的是心理距离。心理距离是指审美主体与客体之间在情感、观念、经验、态度上的距离。最早把"心理距离"作为一种美学原理提出来的是英国美学家、心理学家爱德华·布洛。他所说的"心理距离"的概念，是距离的一种特殊形式，是指我们在观看事物时，在事物与我们自己的实际利害关系之间插入一段距离，使我们能够换一种眼光去看世界。他说："美，最广义的审美价值，没有距离的间隔就不可能成立。"他认为审美要有恰当的心理距离。对象没有被人感知到，或者人们对它有隔膜，心理距离太远，便激不起美感；但对象与人的实际利益、功利态度紧密联系，或者人们对它太熟悉，即心理距离太近，也激不起美感。布洛举过一个"雾海航行"的例子：在航海业尚不发达的时代乘船遇雾，如果不能摆脱现实的利害，抛弃患得患失的心理，由海雾所造成的景象就会成为我们精神上的负担，使我们除了忧虑自身的安危之外，哪还顾得上审美呢。但是如果我们换一种情景，站在海岸上，和那些身处雾中的人的心情就会根本不同了。因为他们不会感到危险、没有忧虑，就会把注意力转向浓雾中的种种风物。这时，海雾就可成为浓郁的趣味与欢乐的源泉，能给人以强烈的美感。

时空距离也是审美距离中不可忽视的一个内容。心理距离能产生美、影响美，时空距离也能产生和影响美。距离的远近也能直接影响审美的内容与感受。就如案例中住在山里的人从来不会觉得山有多美，但是游客却觉得山很美，这就是空间距离不同的缘故。因为住在山里的人与山的空间距离太近，成年累月生活在那里，朝夕相处，所以感觉不到它的美；而游客因为不经常见，所以才会如痴如醉。可见，空间距离能产生美。与心理距离类似，空间距离太近不能产生美，许多人都有这个体会。比如苏轼游庐山时，感慨"不识庐山真面目，只缘身在此山中"；但是随着距离的变化，就开始"横看成岭侧成峰，远近高低各不同"，可见，空间距离造成了不同景观。

在审美过程中，时空距离与心理距离是互相联系，互相作用的。审美者的心理条件不同，心绪心境不同，主观感受上的空间距离就可能有所不同。有时美在咫尺却令人有远在天涯之感，有时远在天涯却又令人有近在咫尺之感。

正确把握审美距离才能获得美感

从心理距离和时空距离对美的影响，我们可以得出，保持恰当的审美距离，是获得美感、领悟审美对象的意蕴的重要前提。但是现实中许多人，由于掌握不好审美距离，所以很多美被人一次次地错过了。比如，在艺术欣赏中，经常会出现由于心理距离太近而混淆艺术世界与现实世界界限的事件。如那些读了歌德的小说《少年维特之烦恼》而自杀的青年和观看歌剧《白毛女》而站起来朝"黄世仁"开枪的战士，等等。那么面对审美对象，我们要怎样来靠近、来把握这个距离呢？

布洛说："无论是在艺术欣赏的领域，还是在艺术生产中，

最受欢迎的境界乃是把距离最大限度地缩小,而又不至于使其消失的境界。"这种"不即不离"的境界之所以是理想的艺术境界,在于它对"距离的内在矛盾"作了妥当的安排,它既不使因距离过远而无法理解,也不使因距离消失而让实用动机压倒审美享受。

充分利用距离去发现和捕捉美

由于距离能产生美、影响美,所以人们应该充分利用这个规律,去发现美、捕捉美。

首先,在欣赏自然的美时,要保持一定的距离。南宋诗人杨万里在观赏山水美景时提出:看山要从湖中看,水中看山山更美。因为在山中看山或在水上观水,都因为与审美对象的距离太近而只能见到单一的局部的景致;但是如果在山外看山或山上观湖,人与审美对象的距离又会太远,而得不到美感;只有在湖上看山或岸上观湖,人与对象拉开一段距离但又不远不近,才能观赏到山或湖的整体形象,观赏到山和湖之间的巧妙组合,相得益彰,而这时的山和湖就显得更美了。

其次,在欣赏艺术品时也要保持恰当的距离。比如欣赏绘画,特别是油画和水彩画,离得太远和离得太近都不好,必须要与画面拉开一定的空间距离才行。俗话说:"近看一块疤,远看一朵花。"观画如果不拉开一定的距离,那么映入眼帘的是线条、色块,很难看到它的整体形象和艺术韵味。

人间万象模糊好

中国传统文化是很看重朦胧含蓄之美的,"犹抱琵琶半遮面"的审美效果一直居于中国传统审美的中心,诗人杜牧的名句"烟笼寒水月笼沙"也一直被人们传唱不朽。

清朝诗人蒋士铨有一首著名的诗《题画》:"不写晴山写雨山,似呵明镜照烟鬟。人间万象模糊好,风马云车便往还。"其中"人间万象模糊好"一句既表现了诗人对朦胧画境的肯定,还道出了诗人乐得糊涂看待世事的人生哲学。

诗人戴安常在《神女峰》一诗中写道:"朝霞中,她像从瑶池浴身归来;烟雨里,她像一团云雨梦。呵,不要靠近她,她的美——永远是朦胧……"然而如果我们真的攀上峰顶来看,也许也只能看到堆近似人形的耸立的石块而已,反而会索然无味。这种景色之所以美,是由于"朦胧"。

其实,我国古典诗歌绘画中前人早已有许多论述,如"雾中看花"、"云滋山巅"、"烟锁楼台"、"远水波渺"、"灯前看月"、"潇湘水云"等。为什么朦胧会产生美感呢?

朦胧往往能带给人一种意境之美

美从表现形态上划分,可分为优美、崇高美、悲剧美和喜剧美等,如果从审美对象的特征上来划分,还可以分为朦胧美、含蓄美、缺陷美、富贵美、质朴美、幽默美,等等。朦胧者,不甚

分明之谓也,是一种不真切与不确定的美,依稀、恍惚、隐约、空灵、缥缈、模糊、迷离,皆如雪泥鸿爪带给人的一种若有若无、若即若离的不定感。其特征是审美对象的模糊性、抽象性,内容的多义性、不确定性,形式的变幻莫测、扑朔迷离、诡谲离奇。朦胧美可以营造一种特定的意境,诱发人的好奇心,从而激起人的探究心理,人们往往通过揣测、想象、意会等,在似明白又模糊中获得一种特殊的审美享受。

具有朦胧美的艺术作品之所以更能打动人心,就是因为它能把人带入一种美的意境。在诗歌中,朦胧诗是最具魅力的。李煜的《蝶恋花》中有这么几句:"数点雨声风约住,朦胧淡月云来去。"扑朔迷离的风云变化,朦朦胧胧的月色,隐隐约约的雨声,构成了一幅美妙神奇的意境,多么令人神往。"雨巷诗人"戴望舒的成名作《雨巷》,由于感情朦胧、隐蔽,感觉的不可捉摸,内心状态的飘忽不定,形象的模糊朦胧,深受人们的喜爱。

具有朦胧美的美术作品往往更胜一筹。宋代画家任安是画建筑物的高手,然而却画不好山水人物。所以,他常常请著名的山水人物画家贺真同他合作。然而,人们在欣赏两人合作的作品时,贺真的山水得到的赞誉很多,而对任安画的楼台亭阁很少提及,任安心中很是不平,所以他想想个办法来压倒贺真。一次,当他们再次合作时,他便在画幅上将建筑物画得满满的,只留下很少空白处让贺真点缀山水。但是贺真似乎并不在意,只在仅有的地方淡淡地勾了几笔,让人若隐若现地感觉到远山近岫和江岸的形状。结果,观赏的人大多赞美其笔少意长,颇有朦胧含蓄之美。这时,任安彻底服气了。贺真的艺术才能就在于他能够利用极小的空间,创造出朦胧的意境,给人一种朦胧之美。

自然界中的朦胧美是最迷人的。沐浴在月光下的稀疏梅影,倒映在湖水里的纤柔柳枝,轻纱般的晨雾,淡烟似的暮霭……这些朦胧的景色,能给人隐约、飘忽、迷离、悠远的感觉。云雾缭绕的巫山,雨雾弥漫的黄山,烟雨迷茫的漓江,让人浮想联翩。月夜、黄昏的朦胧美最令人神往。"疏影横斜水清浅,暗香浮动月黄昏。"朦胧的月色,静谧的意境,缕缕的清香,疏淡的梅影,多么令人陶醉。

自然界中的朦胧美还表现在倒影中。元好问有诗云:"看山水底山更佳,一堆苍烟收不起。""日落沙明天倒开,波摇石动水萦回。轻舟泛月寻溪转,疑是山阴雪后来。"(李白《东鲁门泛舟》其一)把山水、舟、月的倒影描绘成朦胧的仙境,别有一番情趣。

社会生活中的朦胧美也是诱人的。爱情中的含蓄、羞涩、温情脉脉的朦胧色彩,展现的是朦胧的优美;战场上厮杀的英雄、刀光剑影的搏杀、硝烟滚滚中飘扬的军旗,显示的是朦胧的崇高美;梦境中的恍惚迷离、玄妙变幻,同样令人感叹。

朦胧美来自于人的审美错觉

朦胧为什么会产生美感?这与审美错觉是分不开的。

普通的错觉是由一股感知所造成的错位,是直接单纯的,而

审美错觉就是对欣赏对象深入体验后，形成的不符合实际情况的错误知觉。恰恰正是这种弄假成"真"，却创造出一种新颖独特的审美意趣，欣赏者从中可以获得一种意外的快感和满足。从艺术的角度讲，朦胧就是含蓄在某种程度上的深化，它追求的是一种不确定性，这种不确定性正是造成审美错觉的根源。难于捉摸的意象、隐秘的感性色彩、只可意会的弦外之音、象征手法的应用等都是朦胧艺术的特征，这是一种概念不能穷尽、理性认识无法达到的审美境界，正所谓"言有尽而意无穷"。

审美错觉是一种蕴含在我们的想象世界中，若隐若现、形态朦胧、若即若离的不可言状的审美感受。在这个意义上说，它已经虚幻化了。然而审美错觉往往又凭着灵感的延伸，按"美"的形态对审美对象进行重构。虽然审美对象的某些实际在重构中被"歪曲"了，但错觉却由此产生出更为美妙动人的异化的艺术形象，使审美者看到一种特殊的"美"。

朦胧美如此招人喜爱，也难怪蒋士铨感叹："人间万象模糊好。"

人类情感的逻辑、心理的法则原本就是朦胧的

朦胧的事物会给人以美感不仅仅是因为一种意境和错觉，其实还在于人类情感的逻辑、心理的法则原本就是朦胧的、模糊的。这种说法正是对人脑（主要指右脑）复杂的高级功能的生动展示，更是人类独有的精神现象变幻莫测的多样性、丰富性、不确定性、

深刻性的有力表现。我们知道，艺术表现的就是人类情感的世界、心灵的世界，所以当艺术作品越是表现出它的朦胧性和复杂度，作为一种信息便越会吸引欣赏者、被其接受并激起强烈的回响，其美学的魅力正深藏在艺术作品结构同人的审美心理结构的对应、契合之中。所以，对于艺术的创造者和欣赏者来说，强制性地要求无比珍贵的朦胧和模糊变成科学般的清晰和明确，只能使艺术品丧失价值、失去魅力。

"不著一字"如何"尽得风流"

中国的古典文化非常崇尚含蓄美。晚唐诗人司空图著有著名的《二十四诗品》，其中一品为"含蓄"："不著一字，尽得风流。语不涉己，若不堪忧。是有真宰，与之沉浮。如满绿酒，花时反秋。悠悠空尘，忽忽海沤。浅深聚散，万取一收。"其主要表达的意思是作诗须求含蓄，要用烘托的笔法，通过形象化的语言表现，不须作者直接诠释说明旨意，或评论道理，要让读者自去心领神会诗情。这样的诗才韵味盎然。

在文学领域是如此，在绘画上，我国也非常注重含蓄美。宋代为了促进绘画的发展，建立了皇家画院，并以绘画开科取士。有一次出的诗句是"蝴蝶梦中家万里，杜鹃枝上月三更"。我们知道，描写梦境的诗句是很难用图画形象化地表现出来的，所以大多数考生就避开梦境，在画卷上画些明月栖鸟什么的，只画出

了"杜鹃枝上月三更"的情景。然而，有个考生却独辟蹊径，他不画鸟，只画人。画的内容是这样的：一个寒冷冬夜，月色朦胧，身陷匈奴的苏武怀抱节旌在冰天雪地里打瞌睡。睡觉一般情况下是要做梦的，而苏武的梦当然是怀念远在万里的故国家园，而且又暗合了杜鹃啼血之意。此画一下被主考官看中，但是一个考生对此不服气，他认为这幅画太晦涩，不通畅明了。他认为应该在苏武头顶上方画出故国家园，并用蝴蝶形状的虚线圈起来，这样才能很好地表达诗句的内容。于是，他就按自己的想法重新画了一幅画，结果却招来了众人的指责，说其是画蛇添足。

那么，含蓄到底美在哪里呢？

含蓄往往能给人带来意味深长的美

所谓含蓄，就是把情感、意图、意蕴、意境隐藏起来，蕴含起来，让别人去自己体会、琢磨。简言之，就是含有深意，藏而不露，耐人寻味。含而不露的语言和艺术作品，往往能给大家带来意味深长的美。朦胧美的意蕴往往是含蓄的。所以，从这个意义上讲，朦胧美也是含蓄美的一种表现形式。

中国古代诗文中就蕴含有含蓄美，苏轼《水龙吟·次韵章质夫杨花词》中有"似花还似非花，也无人惜从教坠"，杨花，却又全非杨花。花者，美者也，似花又非花的杨花漫天飞落，却无着落也，这恰似美貌的风尘女子。然而诗却句句不提女子，但意思却溢于言表。再如宋人欧阳修的《画眉鸟》写道："百转千声

随意移，山花红紫对高低。始知锁向金笼听，不及林间自在啼。"诗中写画眉在林间自由啼啭，与锁在金笼中的鸟儿形成鲜明的对照。如果仅看到这个层面，则失之肤浅。我们要联系当时的写作背景来理解，诗人在朝中为官，因正直敢言而被贬滁州，诗人心中郁闷，看到山林中画眉鸟的鸣啭和美丽的自然景色，触景生情，托物（画眉）寄意而作此诗，其寓意也就不言自明了。这就是"含蓄"，表面的形象背后隐藏着深层的含义，叫人真正感到触动的地方不在表面，而在背后。

  中国画也讲究含蓄，即通过画面上有限的片段情节，来反映那没有出现在画面上的部分，要画外有画，古人云："画令人惊，不如令人喜，令人喜，不如令人思。"所谓"思"，即从含蓄中去联想和思索。

  《雪树寒禽图》是宋代李迪画，它描绘了凛冽的寒风摇撼着山野，雪花簌簌有声地飘落下来，一株落尽残叶的棘树挺立风中，树杈疏落有致地直上苍天，一丛秀竹傍树生出片片翠叶，并伴有点点绿色，这却在萧瑟冷寂的氛围中平添了几分勃勃生机。一只白头翁安详地栖于枝头，昂首看着微茫雪色，似乎在寻找伴侣，它虽然显得有点孤寂，但神气丝毫无减。画家似乎想通过画面告诉人们，即使在恶劣的环境中，仍然有活泼的生命在跃动。所以，欣赏这幅画，不会感到悲凉萧瑟，内心所涌动的，是对自然的敬畏和对生命的赞美。

  含蓄也被广泛地运用到现实生活中，中国的传统艺术形式无一不包含含蓄。比如中国古代建筑，尤其是园林设计。在中国，园林在进门的地方，几乎都不是可以一眼望到底的，不是一块巨石，就是一座假山，要不就是一块林荫……反正不会让人一眼就看透。还有那蜿蜒回廊、弯曲小径、小桥、流水、亭台、青山古树等，都包含着园林艺术家的良苦用心。含蓄美作为中国美学里的一个重要范畴，它是一种气韵，是一种可意会不可言传的感觉。

崇尚含蓄和含蓄美，是中国人的民族性格和魅力

崇尚含蓄和含蓄美，是中国人的民族性格和魅力。人们的审美心理，一般喜欢曲，喜欢含蓄；忌直，忌一览无余。古人云："文似看山不喜平"、"贵直者人也，贵曲者文也。天上有文曲星，无文直星"、"意贵透彻而语忌直率"。中国的年轻人谈恋爱，不像西方人那样，经常把"我爱你"挂在嘴边，他们表达爱情时往往是很含蓄的。例如云南民歌《小河淌水》的歌词："月亮出来亮汪汪，亮汪汪，想起我的阿哥在深山；哥像月亮天上走，天上走；哥啊，山下小河淌水清悠悠。"用比喻的手法，含蓄深沉地表达了少女的深情，给人以美的联想，带来一种诗情画意般的美感。江苏民歌《茉莉花》也以含蓄的手法借花抒情："我有心采一朵戴，又怕旁人笑话。"把青年男女的纯真爱情委婉地表达出来。

中国人不仅表达喜事时喜欢含蓄，表达悲情时也讲究含蓄。如现代著名散文家秦牧有一次搭乘公共汽车，看见一个老年妇女和一个中年妇女在小声交谈。那中年妇女头上扎着一朵白花，明

显正在戴孝。老年妇女同情地问道:"董嫂,你为什么这么'素'呢?"中年妇女悲伤地回答道:"董兄不在了。"这一问一答的意思是十分明了的:"董嫂,你为什么戴孝呢?""董兄死了。"这两位妇女运用含蓄说法,不仅准确表达她们的思想,还体现了她们的文化修养和文明程度。

断臂的维纳斯:缺陷美

1820年,在克里特岛和希腊本土之间的一个称作米洛斯岛的山洞里发现了希腊雕刻家亚历山德罗斯的作品——断臂的维纳斯。她具有椭圆形脸蛋,平额,端正的弧形眉,扁桃形的眼睛,希腊式的直鼻梁,发髻刻成有条理的轻波纹样式,神态平静,面带微笑。半裸的身体,亭亭的立姿优美动人,各部分的起伏变化富有节奏感。内心显得十分宁静,没有半点羞怯或娇艳,只有纯洁和典雅,欣赏者不管从何种角度看,都同样能获得庄重而不失妩媚的感受。尽管它遗失了双臂,却依然被人们尊称为最美的女雕像。这是为什么呢?

残缺美只是人们心里追求"完美"的一种表现

注意!这里所说的是"完美"而不是"完整"。所谓缺陷美,就是事物的缺陷、残缺,并不影响它整体的美,反而增加其魅力的一种审美特性。我们知道,正常的美,其形式和内容都是美的,实际上这是一种理想的美。但客观情况却是，人和事物总是有这样那样的缺憾，不是完美无缺的。比如鼻梁不够高，嘴唇比较厚，身体的某个部分不对称、不协调，这都是一种缺陷。但是，在某种特定的条件下，缺陷或残缺也可以显出美。人类的审美已经经过千百年的进化与完善，维纳斯断臂的美，在于其不但没有给人们留下什么缺憾，反而却给人们留下了想象空间，诱使人们展开想象的翅膀，去获得美感。所以，归根结底缺陷美是因为这种残缺的美丽给人无尽的遐想空间，艺术家和欣赏者可以驰骋自己想象的翅膀，可以构筑自己心中的完美。而太完美则限制和制约了创造者与欣赏者的想象空间。

缺陷、残缺给人真实感、亲切感

其实，在艺术作品中，有很多美人都是"不完美"的。《红楼梦》中有个个性刚烈的女子叫鸳鸯，是贾母跟前的丫环，由于聪明伶俐，长得漂亮，很得贾母欢心。然而却被老色鬼贾赦看中，强迫她做小妾，但鸳鸯蔑视封建权贵，誓死不从。对于这样一个该歌颂的人物，书中是这样描写她的肖像的：

只见她穿着半新的藕色绫袄，青缎掐牙坎肩儿，下面水绿裙子；蜂腰削背，鸭蛋脸，乌油头发，高高的鼻子，两边腮上微微的几点雀斑。

在一般人看来，美丽少女脸上有雀斑，真是有失大雅。然而，这些雀斑非但不影响鸳鸯的美，反而显得她真实、亲切、可爱。

脂砚斋在评点这一段描写时，指出："可笑近之野史中，满纸'羞花闭月'、'莺啼燕语'，殊不知真正美人方有一陋处。"鸳鸯就是这样一个活生生的真正美人。

美人如此，英雄也不例外。在历史小说《斯巴达克思》中，奴隶起义军领袖斯巴达克思骁勇善战，不计名利，顾全大局，视死如归，是一位叱咤风云的传奇式英雄。但是他也有缺憾：在残酷的战争环境中，他私自带领三百名骑兵闯入独裁者苏拉的别墅后，去会见自己的情人。在当时严酷的战斗中，这显然是一个严重错误。但是人们还是被感动了——不是被缠绵悱恻的爱情描写所感动，而是被他那为了奴隶解放事业而且抛弃一切的伟大精神和高贵品质所感动。斯巴达克思的形象不仅没有因这个缺憾而失去光辉，反而更加丰满高大，更像一个有血有肉的英雄了。

缺陷美的存在是一种对人生存在的见证

每个人都在追求完美，但也应该珍惜我们的缺陷。有句话说，有缺陷的人体是被上帝咬过的苹果；当上帝关上一扇门时，就会为你打开另一扇门，缺陷未尝不是一种美。残缺的景观、文物等，是历史文化的积淀，不仅能给人以自然的美感，又能引发人们对历史文化的感慨。北京圆明园遗址上残留的石门石柱体现了中国近代史上苦难屈辱的内容，唤起人们深沉的痛定思痛、振兴中华的感慨……可以说正是因为缺陷的存在才见证了人生的丰硕与完满。

缺陷美、残缺美，以特殊的美的形式给我们带来了无穷乐趣。但是，现在很多人追求完美无缺，拒绝缺陷美。有这么一个故事：一个书画收藏者请他的一个古董商朋友到家里做客，拿出自己最喜欢的一幅古画让他欣赏。谁知这位朋友看后却这样说："这幅画虽然是名家手笔，可惜右边破损了一块，如果你把它修补一下仍然能看得出来，倒不如将右侧整个切除，价钱要比补了之后还高得多。"

"怎么会有这种道理呢？"收藏者很不服气，"这幅画我可是花了不少钱才买来的。"

"你想想看，当买主看到这幅画的右边破损了，还会买吗？可是如果你将右侧整个切除，买主就会把它当作一幅完美无缺的画，那他就会出高价钱的。"

于是收藏者听了朋友的话，但是殊不知恰恰是因为那一点破损才使得这幅画显得珍贵，如今被他切除了整个右侧，这幅画就不值钱了。

从这个故事我们不难看出，现实生活中有些人往往只注意那小小的疵缺，而忽略整体的美好，更没有欣赏缺陷美的能力，所以，他们宁可被骗，也不愿接受缺陷美。殊不知，缺陷也是一种独特的美。

第三章 美感的庐山真面目

为什么有人无法感受蒙娜丽莎的美

在《蒙娜丽莎》图画前站着两个人,一个是法国人,一个是意大利人。意大利人对着这幅画不断地点头,并且不停地啧啧称奇。看那神情,似乎已经被这幅画深深地折服了。正在这个意大利人自我陶醉时,法国人开口了:"不就是一张普通的画吗,现在怎么搞得如此神秘?看不懂!这幅画的神奇肯定是被人吹出来的。"意大利人看了法国人一眼,笑着说:"你给我吹一个埃菲尔铁塔看看。"

这只是一个笑话,它却深深说明了一个问题,那就是不同人对相同事物的感觉是不相同的。在看毕加索的画时,有的人会大加赞赏画中蕴含的趣味,有的人则嗤之以鼻,轻蔑地说:"毕加索也不过如此,连画都画不清晰,瞧那一团糟。"在听《二泉映月》

时,有的人会感动得流下泪水,有的人则认为那是对耳朵的折磨,绝对赶不上自己爱听的流行歌曲。

由此,我们可以发现,不同的人对同一事物的看法是不同的,也就是说这些人欣赏美的能力是不相同的。那么,是什么导致了欣赏力的优劣之分呢?人对同一事物的看法为什么会有这么大的不同呢?

向美心理始于物竞天择

物竞天择是达尔文进化论的核心。它是指生物互相竞争,能适应生活者被选择存留下来。在生物进化论中的意思是每种生物在繁殖下一代时,都会出现基因的变异。若这种变异是有利于这种生物更好地生活的,那么这种有利变异就会通过环境的筛选,以"适者生存"的方式保留下来。达尔文的"物竞天择"理论是动物向美心理的最好解释。在整个自然界,"物竞天择,适者生存"已成为永恒的法则。任何动物,包括人类要想更好地生存下去,都要能够有足以应付自然的资本。对动物来说,就是要有强健的体魄。为了能让下一代有强健的体魄,所以雌性动物一般会选择那些体格健壮、外表优美的雄性来进行交配,这样生育出的后代才能拥有健康的体魄,拥有了健康的体魄才能应对大自然中的一切危机。

对于人来说,同样如此。体格健壮的人的后代大多体格健壮,外表英俊的人的后代大多相貌堂堂,这一切都是遗传使然。拥有

了健康的体魄和英俊的外表，就拥有了强于他人的立世资本。现代人的择偶标准始于远古时期，在那个对大自然充满敬畏的时代，要对抗大自然，在大自然中更好地生存，就只有强壮自身，所以体格健壮的男子就成了当时女性的择偶标准。

由此可以看出，审美倾向是在物竞天择的促使下形成的，人对美的欣赏也是在人类的初始状态就露出端倪的。

人与人之间有着美感力差异

美感力是人所独具的一种特殊的能力，就是人识别美、欣赏美、评价美、创造美的能力。其基本条件是审美感知，没有审美感知就没有美感力，没有美感力便没有审美活动。但是，由于人们的先天条件和后天环境的不同，人们的美感力是千差万别的。

当然完全没有审美感知的人是没有的，哪怕是完全没有文化，没有经过专门审美教育的人也有自己对审美对象和对某种美敏锐的感知力。审美感知并不是天生就有的，而是在有意或无意的审美活动中发展起来的。通常来说，人在婴幼儿时期是不具备审美感知的，但是两三岁的孩子，有的能够从众多的歌曲中听出他所熟悉的那首摇篮曲，并着迷地听上好多遍。这说明了这时的孩子已经具备了低级的审美感知。所以，如果经过严格的系统的培养训练，人的审美感知能够达到很高的程度。据说一个训练有素的音乐指挥能从上百名演员演奏中很敏感地听出一个不和谐音符；一位成熟的画家能把常人看到的每一种颜色分出若干个等级。

美感认知是可以遗传的

美感认知是可以遗传的，中国历史上出现过很多的神童，他们对美的感知有先天能力。

这种先天能力就得益于遗传。蔡文姬自小就能诗善文，尤好琴瑟之音。六岁那年，文姬非要和父亲学弹琴，父亲蔡邕经不住蔡文姬的纠缠，只好答应，蔡邕于是先弹一曲。但是由于弹奏时用力过猛，不小心把第一根弦弹断了。但是他自己并没有察觉，照弹不误。可蔡文姬马上听了出说，并且告诉父亲说："您把第一根弦弹断了！"蔡邕很是吃惊，心想：女儿从来都未学过弹琴，甚至连琴都未摸过，怎么就听得出他弹断了第一根弦呢？蔡邕有心要考验一下女儿，他故意把第四根弦弹断。不成想，蔡文姬立刻指出父亲弹断了第四根弦。蔡邕很是高兴，他认为女儿具有学习音律的天赋。蔡邕有意培养蔡文姬的弹琴技能，最终，蔡文姬在音律上有了很深的造诣。

无独有偶，唐代诗人李贺在六七岁的时候，就能吟诗作对。当时著名的文学家韩愈为了考验李贺，就让他以自己来访为题，写诗一首。李贺略加思索，挥笔立就，一篇古体诗《高轩过》横空出世。韩愈看后，大加赞赏，称其流畅自然，文采飞扬。在韩愈的指点下，李贺最终成长为一代杰出的大诗人。

蔡文姬和李贺就是先天具有对美的感知能力，这种感知能力来自于遗传，他们遗传的是父辈对美的感知能力。由此可以看出，人类对美的感知能力，甚至感知倾向都是可以遗传的。

审美倾向离不开后天培养

先天具有审美能力的人可以称得上是天赋异禀,但天赋只是天赋,如果沉浸在天赋的圈子里不能自拔,就会迟早变为第二个方仲永。天赋异禀的人不一定能够取得成功,最终的决定因素还是后天培养,如果蔡邕停止对蔡文姬的教导,那么她很有可能一无所成;如果韩愈不对李贺进行悉心指导,那么他很有可能变成没有作为的书呆子。所以,在美感上有天赋的人一定要注重自己的后天学习,不能因为自恃天赋高就放弃了学习。否则,真有可能在艺术的道路上迷失方向。

"山重水复疑无路,柳暗花明又一村"

南宋著名的爱国诗人陆游,曾积极支持张浚北伐。后来北伐军兵败符离,主和派给陆游加上了"鼓唱是非,力说张浚用兵"的罪名,结果陆游在乾道二年(1166年)被罢免了官职。陆游怀着满腔的悲愤,回到自己的故乡山阴(今浙江绍兴)。陆游的家乡是一个山清水秀、树木成荫的地方。陆游到家后,郁郁寡欢,经常在村头田野走走。乡间秀美的景色给了诗人些许的安慰。

1167年二月的一天,风和日丽,气候宜人。陆游兴致勃勃地要到大山的西面去游览。他沿着镜湖边,踏上了登山的路。山路渐渐盘曲起来,并且人烟越来越少。他登上一处斜坡,放眼望去,只见前面山重水复,路断人绝,似乎已经无法再前进了。但是兴

致正浓的诗人不肯就此返回,他顺着山坡继续向前走,突然发现前面不远的地方,有一片空旷的谷地,有一个几十户人家的村庄在绿柳红花掩映之下。村中农民见来了客人,连忙端出自家酿制的腊酒,宰鸡杀猪,盛情款待陆游。纯朴的山中村民给诗人留下了很深印象,回到家中,他抑制不住心中的激动,挥笔写就了七言律诗《游山西村》:

莫笑农家腊酒浑,丰年留客足鸡豚。山重水复疑无路,柳暗花明又一村。

箫鼓追随春社近,衣冠简朴古风存。从今若许闲乘月,拄杖无时夜叩门。

其中颔联"山重水复疑无路,柳暗花明又一村"成了千古传诵的佳句,就是因为它真实地记载了陆游这次难忘的经历和深切的感受,并将这种感受传递给每一个读这首诗的人。陆游的这种感受是一种什么心理状态呢?它是基于什么才产生的呢?

"柳暗花明又一村"是一种审美心理的表达

在层层重叠的群峦里,陆游疑心找不到去路了;然而再走几十步,山回路转,却发现了一个柳树成荫、山花烂漫的村庄。多么迷人的景色啊!这就是一位在迷惘中发现新境界的诗人的审美心理。

所谓审美心理,就是人在欣赏美、创造美的过程中的心理活动。在审美活动中,审美主体与审美客体相互作用,在这个相互作用的过程中,审美主体的多种心理要素发挥了极大的作用,它促使审美主体审美能力的进一步形成。这些心理要素大体上包括以下几个方面:审美无意识、审美感知、审美直觉、审美情感、审美想象、审美理性。

审美心理的生成过程是指审美主体在审美活动中产生的愉悦性美感,从而对审美主体的审美观念,审美理想的形成和审美能力的提高产生一定的推动作用,这一心理的生成过程很复杂,通常包括以下几个阶段:

第一,准备阶段。审美心理的准备阶段,也叫作初始阶段,是审美经验发生前的预备阶段。在这一阶段中,审美主体开始与审美客体接触,结果给审美主体的感官带来刺激并引起审美主体预期的审美愿望。这时,审美主体的审美需要、期望、欲求、意向等成为审美心理活动的内在动力,它一旦与对象的审美性质发生碰撞,产生一种超然于对象的实际存在和功利欲求的态度,并引起对对象的形式结构等方面的注意、选择,这是一切审美心理活动的准备时期。

第二,实现阶段。这一阶段性是审美主体审美能力的形成时期。此时,审美客体的美感便在审美主体的心中生成并不断地丰富、发展,主体在充满活力审美愉悦的心情中,不仅可以借助情感与想象力,在心中构成对客体的一种意象,又可以凭借审美理性这一心理认识功能,对客体所包蕴的社会内容有充满感性和理性的认识。

第三，效果阶段。审美主体在这一阶段逐渐形成了自己独特的审美经验。由于审美经验不断丰富、强化，促使主体对美的渴望进一步提升。这时，审美成为主体的一种自由自觉的活动，并且进而形成审美主体正确的、科学的审美观念与审美理想，按照美的规律来欣赏美，创造美。

美感是由美的事物引发的一种精神上的愉悦

美感，又称审美感受，是指主体对美的主观感受、体验、理解、评价从而所获得的精神愉悦。人们在审美欣赏和审美创造中，都能获得美感。如陆游游山西村，路上美丽的景色，使他在迷惘中发现新境界，还有山中村民淳朴的情感，都给诗人带来了愉悦。诗人的这种愉悦之情就是美感。然而当我们细细体味陆游的感受，心中也会产生一种喜悦之情，这种感受也是美感。

"南浦东冈二月时，物华撩我有新诗。含风鸭绿粼粼起，弄日鹅黄袅袅垂。"（王安石《南浦》）这首诗写得十分生动，"物华撩我有新诗"，从这句话中我们不难看出这样一个道理：美感是由美的事物撩发的。美撩发人的美感，对此，很多诗人有深切的体验。例如宋朝衡山僧人文政的《题胜业寺》："山鸟无凡音，山云无俗状。引得白头僧，时时倚藜杖。"是什么吸引白头僧人时时倚杖出寺呢？是大自然的美：山鸟不一般的啼鸣声，山云奇特的形状……不仅看美景、诵诗、听唱歌能获得美感，看小说、电影、电视，欣赏舞蹈、雕塑等，都能得到美的享受，获得美感。

美感的物质基础是美的事物,生理基础是人审美感官的感受力和大脑的效应机能,其心理条件是人已有的审美意识、能力、经验和特定的心境、审美需要、审美态度。美感产生的过程是:由对象的具体形象产生感性直观,产生快适感、愉悦感;接着在审美心理结构和审美经验基础上,展开联想、想象、判断和情感等形象思维活动;然后把握对象特性及其相互联系,使感性认识上升到理性认识,获得更高层次的精神愉悦。

在审美活动中,美感是非常重要的。它可以调节人的心理状态,净化人的心灵,使人获得精神的满足,促成人的意志行为,激励人按照美的规律去改造现实、改造自己、创造美。

孔子缘何三月不知肉味

孔子听说周天子的大夫苌弘,知天文,识气象,通历法,尤其精通音律,于是借着代表鲁君朝觐天子之机,专门来苌弘家拜访,请教韶乐和武乐的区别。苌弘回答说:"从内容上看,韶乐侧重于安泰祥和,礼仪教化;武乐侧重于大乱大治,述功正名,这就是二者内容上的根本区别。"孔子恍然大悟地说:"如此看来,武乐,尽美而不尽善;韶乐则尽善尽美啊!"苌弘称赞道:"孔大夫的结论也是尽善尽美啊!"孔子再三拜谢,辞行回国去了。第二年,孔子出使齐国,齐国是姜太公开建的,是韶乐和武乐的正统流传之地。正逢齐王举行盛大的宗庙祭祀,孔子亲临大典,痛快淋漓地聆听了三天韶乐和武乐的演奏，进一步印证了苌弘的见解。而孔子出于儒家礼仪教化的信念，对韶乐情有独钟，终日弹琴演唱，如痴如醉，常常忘形地手舞足蹈。一连三个月，睡梦中也反复吟唱；吃饭时也在揣摩韶乐的音韵，以至于连他吃的肉的味道也品尝不出来了。

这就是"三月不知肉味"的典故。那么为什么孔子会出现这样的状态呢？

美感能使身心愉悦

美感的愉悦性，是指在审美过程中，审美主体所获得的精神上的享受和情感上的满足，即人在感知、理解了美之后所获得的精神享受。它包括心理的喜悦、同情、信服、惊叹、爱慕、共鸣，乃至物我两忘。车尔尼雪夫斯基在《生活与美学》中，曾这样形象地比喻美感的愉悦性："美的事物在人心中所唤起的感觉，是类似我们当着亲爱的人面前时，洋溢于我们心中的那种愉悦。我们无私地爱美。我们欣赏它，喜欢它，如同喜欢我们亲爱的人一样。"

美有各种各样的形态。有自然美、艺术美，社会美，有阳刚之美、阴柔之美，有含蓄美、朦胧美、幽默美、滑稽美……但人们无论欣赏哪一种美，审美感受总带有情感的愉悦。凝视波涛汹涌、汪洋浩瀚的大海，也会产生情感的愉悦；欣赏一朵香气四溢、姿态婀娜的花草，亦有一种情感的愉悦。前者是崇高的愉悦，后者是优美的愉悦。喜剧使人产生愉悦，悲剧也同样能使人产生情感的愉悦。那是因为，剧中人物的遭遇往往带有某种普遍性，这种遭遇会引到观众的共鸣，使心中怨愤得以发泄，心情得以陶冶，这也是一种情感的愉悦。

然而，美感的愉悦性与欣赏者的审美能力成正比。审美能力越强，美感的愉悦性越强烈。孔子在齐国听到古代歌颂虞舜功德的著名乐曲《韶乐》时，竟满嘴生香，"三月不知肉味"。而味觉，在生活中是一种最强的、最不容易失掉的感觉。这种余音绕梁的效果，是由于音乐调动了生理和心理一起去感受乐音之美。是极度美感带给人的享受，可以使人沉浸其中而忽略其他的感观享受。可见美感不仅能给人带来生理上的享受，还能给人带来心理上的享受。

美感的愉悦性可以冲淡愁情、减轻病痛

车尔尼雪夫斯基提出"美是生活"，他认为美在生活中起着非常重要的作用，美感能引起人的快感。这种快感来自人们对美的事物的感应，当外界的美好的事物将人的情感引导调整到相应的状态和水平时，人就会感到内心受到了激发，心理的愉悦会带动身体发出愉悦的信号。

美感的愉悦性能开阔人的襟怀，冲淡愁情。杜甫有首《后游》诗："寺忆新游处，桥怜再渡时。江山如有待，花柳更无私。野润烟光薄，沙暄日色迟。客愁全为减，合此复何之。"由此可见，审美引起的美感愉悦，使游客的忧愁逐渐耗散、减少。我国近代诗人、南社创始人之一的高旭登上石钟山观音阁，远眺庐山，欣

赏美景,"登临顿觉襟怀阔,消尽人间万斛愁"(《登石钟山观音阁》),美感的愉悦性使他胸襟开阔、愁情消尽。苏辙登"豁然亭",遥望城南城北的景致,心中大快,顿觉心意豁然开朗:"南看城市北看山,每到令人意豁然。碧瓦千家新过雨,青松万髻正生烟。"(《豁然亭》)。唐代诗人方泽的《武昌阻风》云:"江上春风留客舟,无穷归思满东流。与君尽日闲临水,贪看飞花忘却愁。"观水看花引起的愉悦,使人忘却愁情。

美感的愉悦性还能调整人的情绪,减轻病痛。白居易曾经深有体会地说,欣赏音乐使他心情舒畅,消除了病痛:"本性好丝桐,尘机闻即空。一声来耳里,万事离心中。情畅堪销疾,恬和好养蒙。尤宜听三乐,安慰白头翁。"(《好听琴》)许多诗人都认为审美能减轻病痛,杜甫说:"眼前无俗物,多病也身轻。"陆游云:"九陌莺花娱病眼。""治疾不用药,听雨体自轻。""体中颇觉不能佳,急就梅花一散怀。"疏山说得更好:"一见云山病眼清。"

由此可见,美是我们生活中不可缺少的,它是保证我们生活得美满的重要元素。学会发现生活中的美,学会鉴赏生活中的美,才能让我们获得更多的幸福感。

悲喜交加方是人生

《俄狄浦斯王》和《伪君子》这两部小说,可以说分别是悲剧和喜剧的两个代表性作品。

《俄狄浦斯王》讲的是这样一个故事：忒拜城国王拉伊俄斯的妻子生下一个儿子，但是他害怕这个儿子会弑父娶母的预言，就把儿子交给仆人命令将其杀死。然而，仆人把这个婴儿交给了科任托斯国王吕玻斯的仆人，后者把婴儿送给了国王，于是这个婴儿成为了科任托斯国的王子。长大后，为了躲避弑父娶母的预言，他离开了科任托斯。在流浪的途中，因与人争执，他杀死了出行在外的拉伊俄斯和他的三个侍从。后来，他在忒拜城猜出狮身人面妖的谜语，拯救了忒拜城，遂娶了许诺嫁给除掉狮身人面妖的英雄的王后，成为了忒拜城的新王。最后当得知自己杀父娶母的真相后，他自刺双眼，自我放逐，永远承受肉体与精神的双重折磨。

莫里哀的喜剧《伪君子》，描写了伪装圣洁的教会骗子答尔丢夫混进商人奥尔贡家，意欲勾引其妻子并夺取其家财，最后真相败露，锒铛入狱的故事。剧中人物性格和矛盾冲突鲜明突出，手法夸张滑稽，语言机智生动，风格泼辣尖利，引人发笑。

从这两部作品中，人们会得到两种完全不同的感觉，而这两种感觉都使人们得到美的享受。很多人在看到俄狄浦斯王的悲惨结局时，都会从心底里产生一种悲悯的感觉，这种感觉就是一种悲剧感。《伪君子》那种引人发笑的感觉就是喜剧感。令人发笑的感觉基本上人人都喜欢，毕竟快乐的感觉是人人都喜欢的，所以我们不难理解人们为何爱看喜剧的原因。但是为什么悲剧即使让人感到悲伤还会有人爱看呢？

悲剧能带给人们心灵的震撼

人们欣赏悲剧艺术不是为了寻开心,而是要去感受悲剧带来的心灵震撼。亚里士多德在解释怎样"唤起悲剧与悲悯之情"时说:悲剧与怜悯是由一个人遭受不应遭受的厄运而唤起的,畏惧是由一个与我们相似的人遭到失败而唤起的。俄狄浦斯的悲剧性在于:他企图同"神示"抗争,却又不能逃脱"神示"的结局;他坚持同命运作斗争,却不能掌握自己的命运。

悲剧为什么是美的?鲁迅说:"悲剧就是将有价值的东西毁灭给人看。"悲剧的美,不在于毁灭本身,而在于被毁灭的价值。悲剧式的结局,使奋斗的过程更让人慨叹,使曾经鲜活、现在却被毁灭的东西更显得宝贵。

痛感是悲剧审美活动过程中的重要特征,悲剧事件和行为在冲击人们的审美感官的时候,同时也会在生理上给人们造成一种不适、难受和疼痛感。悲剧的审美是从恐惧、悲哀、痛苦和怜悯等情绪开始的。

众所周知,最容易获得美感的形式就是内心能与欣赏对象产生共鸣,这种共鸣使人的情绪在外界找到了共同点。当共鸣的力量足够大时,情绪就会获得释放的出口,从而获得最佳的美感体验。

在人类对艺术的追求过程中,人们发现,美感的产生与艺术品本身形象的美或丑是没有必然联系的。美感产生的重点是艺术品有经典、深刻的表现,其精彩度关系到美感是否能够产生。所以艺术家在创造艺术品时，往往会将重点放在如何对人类及其周围的一切进行经典、深刻的表现。因此人类的不同情绪，甚至带有负面的情绪，都成为艺术表现的形式。

我们欣赏悲剧时，虽然暂时会受到负面情绪的影响，但是在短暂的情绪压抑之后，产生令人鼓舞、钦佩和赞叹的感情，而我们的情绪、灵魂和思想也在这些快感中得到宣泄、洗涤和提升，最终实现了悲剧审美中的美感。所以，虽然正面的情绪获得释放能令人有"心有戚戚"的满足，但是负面情绪的释放却能让人获得解脱。负面情绪被释放的快感，毫不逊于快乐情绪所带来的快感。尤其是当负面情绪被长久压抑得不到释放时，欣赏负面艺术就是非常有效的减压方式。

喜剧是以令人发笑的形式给人以美感

关于喜剧，亚里士多德在《诗学》里是这样说的："喜剧所模仿的是比一般人较差的人物。'较差'并不是通常所说的'坏'（或'恶'），而是丑的一种形式。"可笑的对象是一种不至于引起痛感的丑陋或乖讹。这里把"丑"或"可笑性"作为一种审美范畴提出，其要义就是"谑而不虐"。不过它并没有说明"丑陋或乖讹"为什么会令人发笑，感到可喜。近代英国经验派哲学家霍布斯提出"突然荣耀感"来解释这种现象。他认为："笑的情感只是在见到穷人的弱点或自己过去的弱点时突然想起自己的优点所引起的'突然荣耀感'，觉得自己比别人强，现在比过去强。"

之所以说它"突然",是因为可笑的东西必定是新奇的,出人意料的。所以,喜剧作为一种审美范畴,是以令人喜悦或者发笑的形式来否定丑的东西,它的美感特征是"笑"。它往往通过自我揭丑、自我贬抑来揭示丑的本质,从而揭示生活的底蕴,使观众在笑声中获得审美的愉悦。

但是"笑"并不是廉价的。"在一切引起活泼的、撼动人的大笑里,必须有某种荒谬背理的东西存在着",康德的话很形象地概括了喜剧笑的本质。小品《主角与配角》之人为换位,《新杨白劳》之债权人与负债人的角色颠倒,都浸透着这种荒谬与背理。人们往往有这种心理体验:当事情的结局还未爆出时,常常自认为比别人先见性地识破了笑话或背理情节的结果,有了这种心理积累,及至"真相大白"时或正中所料,或大出所料,即足获快感,进而获得美的享受。

悲剧比喜剧更深刻

悲剧具有值得肯定的审美价值。它对陶冶人的情操、升华精神境界,对鼓舞人们的斗志、增强人们为美好生活而斗争的信心和勇气,对提高人们对历史必然性的认识,坚定地追求真善美,都有特殊的作用。美学家普遍认为,悲剧比喜剧更深刻。叔本华甚至认为悲剧是艺术的高峰。不过,我们要把这里的悲剧和生活的悲剧区分开来,这里的悲剧是指悲剧的艺术,生活中的悲剧是不幸,它可能是偶然因素造成的,而悲剧的艺术则有更深的性格原因和社会原因，它们大多具有无法摆脱的必然性。俄狄浦斯弑父娶母的悲剧，就是典型的悲剧艺术。比起制造快乐的喜剧，悲剧的无法摆脱感，是引起人们心理震撼的原因。人们对悲剧的认识，也从最开始无法摆脱的命运悲剧，发展到个体性格必然导致的结果，之后又发展为个人无法改变的社会所导致的必然结果。而这一发现过程使人们认识到悲剧并非不能改变，个人可以改变自己的性格缺点，群体可以改革社会弊端，这样都可以避免悲剧的发生。因此悲剧也具有令人深思并寻求改变的力量。

美感VS快感

　　从前，有个封建遗老，不学无术，却爱附庸风雅。一天，他用重金买来一把从古代墓穴中挖出来的宝剑，非常高兴。但觉得它铜锈斑斑，太不好看了。于是便使劲儿擦去铜锈。宝剑顿时变得金黄锃亮，分外耀目。他邀了一些亲朋好友来观赏，众人看了，大都称赞不已。但是座中有位审美行家，看了后直叹息："可惜啊真可惜！"主人不解，就问他可惜什么。这位行家说："宝剑擦得金光闪闪固然漂亮，看上去舒服；但却丧失了古拙的美，像是刚打造出来的。怎能给人以古典的美的享受？"主人一听，后悔不已。

　　这位行家说得很对。金黄锃亮的宝剑虽然金光闪闪，却只能给人以感官快适，引起生理快感；失去了文化历史的精髓，也失

去了美的内容，当然引不起人们的美感。如果不擦去铜锈，那把铜锈斑斑的宝剑，会让观者发挥无限的想象。看到宝剑，仿佛已经跨越时空，回到古老的朝代，去感受当时的情景，脑海中就会浮现出一幅幅生动的画面，会在"悦目"的同时，诱发审美美感，产生精神上的愉悦。金黄锃亮的宝剑和铜锈斑斑的宝剑给人带来不同感受的原因在于：一种只能给人带来快感，另一个则给人带来美感。

快感始终仅仅满足人们感官上的愉悦需要

所谓快感，是指审美活动中所引起的生理上和心理上的愉悦和满足的感觉。其特点是一方面情感体验贯穿其间，另一方面又始终仅仅以满足耳听目视的愉悦需要为限。

它追求的是一种快乐原则、享受原则，跟理想、信念、价值和理性等没有什么关系。诚然，不能简单地说快感不好，它能给欣赏者以耳听目视上的享受，这也是艺术作品共同追求的目标，因为只有使读者或观众得到耳听目视上的愉悦，艺术欣赏活动才能够进行，深层次的审美接受才可能形成。实际上，在大众的艺术欣赏活动中，个体的感性成分占有突出的地位。可以想象，不喜欢舞蹈的人观看舞蹈时多半不会产生愉悦之感，更有甚者会生出抵触情绪，那么他的审美活动就很难进行。总之，任何审美活动都离不开感官性审美，并且感官性审美并不一定和精神性审美相冲突，相反，它可以成为通往精神性审美的有效途径，因此，

我们要肯定感官性审美的基础性作用。

然而，我们知道，快感主要满足感官上的审美享受，给人的自由度是非常有限的，如果止步于此，就可能面临消解意义的危险。在经济快速发展、物质生活不断丰富的现代社会，人们的审美要求越来越高，而肤浅的视听艺术也越来越多地充斥着文化娱乐市场，这种过眼云烟般的娱乐并不能给人们留下多少值得回味的东西。如果让感官性的东西过多地充斥于人类的日常的审美活动中，就容易产生审美疲劳，以致于产生无聊、空虚、浮躁之感，甚至会产生生活轻飘飘的、没有多少意思的感觉，这就离我们所要追求的自由、丰富、自足、愉悦的理想的生活境界相去甚远了。因此，在审美的过程中，我们不要仅仅满足于感官上的娱乐。

美感主要表现为情感上的愉悦和精神上的净化

美感是人对现实的审美心理形式，是一种独特的心理活动，主要表现为情感上的愉悦和精神上的净化。

显然，审美不能只停留在感官层面，而要从感官的层面上升到精神的层面。拿绘画来说，对画的欣赏需要经过一个由浅入深、由感官到精神的发展和提升的过程，这样才可能充分地感悟作品的精神内涵。所以，必要的审美心理准备和鉴赏的知识储备是不可或缺的。首先，要对作品产生的时代背景有比较全面的了解。如欣赏法国的油画《自由引导着人民》，就应该对这幅画产生的社会背景有一个了解；欣赏张择端的《清明上河图》，我们要明白北宋时的繁荣情况，这样才能更好地理解画的内容。其次，要掌握基本绘画的基本知识，比如，流派、着色、画法，等等，以便分析、把握作品的基本特点。再次，要反复观赏作品，以更好地进入和体悟作品所传达的精神性境界。就绘画来说，感官层面上的欣赏只可以感觉到画面给人带来的很好的视觉感受，而精神层面上的欣赏才可以让人真正感受到作品的内涵，领悟到其思想精神与文化内涵。

美感 VS 快感

金黄锃亮的宝剑只能使人眼前一亮，心里喜悦，就是快感。美感是审美主体对审美对象具体的主观感受、体验、理解、评价以及所获得的精神愉悦。铜锈斑斑的宝剑不仅能给人带来喜悦，而且还能让人因它而产生丰富的联想和想象，这是美感。

朱光潜先生曾经用"清宫大月饼"这个通俗例子形容快感与美感的区别：看见清宫大月饼色、香、味俱全，口水直流，食欲大增，这是快感，不是美感；看见清宫大月饼上面美丽的图案，仔细欣赏起来，意境深远，不断称赞图案画得好，并根据图案各自发挥联想、想象，这时所获得的审美享受，就是美感。

由此可见，美感不等于快感。快感与感官刺激联系在一起，是一种单纯的感觉经验，完全是感性的。而美感则渗透着理性，是感性和理性的统一；快感是欲望的满足，有强烈的功利性；美感却是一种精神上的超越，不具有直接的功利性。快感是短暂的，

引起生理快感的活动一旦停止,快感也就随之消失;而美感所具有的快感更具持久性,不会随着审美的结束而结束,甚至可以凭借记忆重温美感体验。

美感虽然不等于快感,但二者又有着紧密的联系。快感是美感的前提和基础;美感则是快感的超越和升华。快感所引起的生理上的舒畅、愉悦,是产生和构成美感的必要条件。在审美活动中,我们不能仅仅满足于感官的刺激,而应该超越快感,达到高级的精神享受。

独乐乐,不如与人乐乐

宋玉的《风赋》里讲了这样一个故事:楚襄王游于兰台之宫,宋玉、景差侍。有风飒然而至,王乃披襟而当之,曰:"快哉此风!寡人所与庶人共者也?"宋玉对曰:"此独大王之风也,庶人安得而共之?"在这个故事里,楚襄王对风,可以说是有着一种审美的心胸,即非功利的态度,而宋玉则是一个很善于逢迎的人,他把风这种自然现象与王者气象联系起来,显得极其矫情、令人作呕。那么什么才是审美的心胸呢?

宋代画家郭熙在谈到绘画的体会时说:"看山水亦有体,以林泉之心临之则价高,以骄侈之目临之则价低。"简单来说即欣赏山水时,如果能"以林泉之心临之",才能发现美的最高价值。这里所说的林泉之心就是审美的心胸,是超越世俗尘杂的真我的体现。

真正的美感无具功利

郭熙所提的"林泉之心"对于审美活动是至关重要的。它反映了美感是应该不具功利性的。

古人云："一切境界，无不为诗人所设，若无诗人，即无此种境界。"山青水秀，水活石润，一草一木，一丘一壑，于天地之外，别构一种灵奇，皆灵想之所独辟，总非人间所有。这些美丽的山水审美思想都说明，自然景物要成为审美对象，必须要有人的意识去"发现"它，去"唤醒"它，去"照亮"它，这样才能使它由一个个实物变为意象，成为一个完整的有意蕴的感性世界。然而，现在许多人心灵浮躁于功利的世界，当然就不可能进入"会心"和"畅神"的高层次的审美了。

审美是一种精神性活动，它的目的是满足人的精神性需求，并不带来物质上的好处。所以，要真正进入审美活动，首先必须在心态和意识上调整好自己，把现实生活中的物质利益得失暂时置之脑后，静下心来欣赏这个赏心悦目的世界。假如周日你已经买票去看画展，可是你一会儿心疼这票真贵啊，一会儿又想着接下来怎么把这门票的钱给省下来，一会又思考着之后怎么回去，等等，以这样的心态来欣赏，就不可能真正地入戏。因为如果不能忘掉现实生活中的烦恼，就不可能得到真正的心灵上审美的愉悦。

佛家的"境由心生"就是一个真理：审美环境是由自己的心态来营造的，如果功利心不放下，就与美无缘。所以古人在弹琴作诗时十分讲究：要焚香沐浴，静居燕坐，明窗净几，一炷炉香，万虑消沉，静候那一缕清音……讲究的也正是一种审美的心胸。

独乐乐，不如与人乐乐

美感的非功利性，不仅表现为审美过程排除功利、超越名利，还表现在美感的分享性上。蔡元培先生曾经说过："一瓢之水，一人饮之，他人就没有分润；容足之地，一人占了，他人就没得并立。这种物质上不相入的成例，是助长人我的区别，自私自利的计较的。转而观美的对象，就大不相同。"（《美育与人生》）可见，美感不是自私的情感，它具有众人分享的性质。

古人早就意识到美感的分享性，"与少乐乐，不若与众乐乐"，"独乐乐，不如与人乐乐"。感情丰富的一般人也不会把美感藏起来，独自享受，他希望别人分享自己的美感。"邻翁走相报，隔窗呼我起；数目不见山，今朝翠如洗。"（刘因《村居杂诗》）讲的是元代一位老翁早晨起来看到雨后初晴，山色青翠如洗，非常漂亮。忍不住要把自己的审美感受传达给别人，于是隔窗叫醒诗人刘因，让诗人同他一起分享审美喜悦的心情。

唐穆宗长庆三年（823年）初春，细雨洒落在长安城，万物复苏，小草悄悄地从地下冒出来。诗人韩愈呼吸着初春的气息，眺望空地上浮起的浅浅绿意，一时兴起，二首绝句从心底涌动，急忙用纸笔录下:"莫道官忙身老大,即无年少逐春心。凭君先到江头看,柳色如今深未深?""天街小雨润如酥,草色遥看近却无。最是一年春好处,绝胜烟柳满皇都。"题为《早春呈水部张十八员外二首》,因为他要老朋友张籍分享他寻春的喜悦。

美感一方面排斥功利,另一方面又联系着功利

鲁迅先生说过:"享受着美的时候,虽然几乎并不想到功用,但可由科学的分析而被发现。所以美的享乐的特殊性,即在那直接性,然而美的愉快的根底,倘不伏着功用,那事物也就不见得美了。"可见,非功利性只是美感性质的一个方面,美感同时又具有社会功利性。

美感的功利性,是指美感能满足人们某些有益的需求,包含着对人类社会生活有益的内容。比如美感能调节人的心理状态,使人们获得精神上的满足,净化人们的灵魂,等等。也即美感的娱乐功能、道德功能和认识功能等。

美感一方面排斥功利,另一方面又联系着功利,这不是矛盾吗? 不矛盾,因为前者是从个人审美角度讲的,是从获得美感、保持美感角度而言;而后者是从美感的功能角度讲的,讲的是美感的作用。两者非但不矛盾,而且还紧密联系。可以这样说,个人审美感受的非功利性中,潜藏着社会功利性。因为没有个人审美的非功利性,就不能产生美感并且保持美感;没有美感,当然也就没有美的功能,没有美感的社会功利性。

焦大会爱上林妹妹吗

我国古代有很多美丽的爱情传说，但是总结一下却发现，农夫、放牛郎们偏爱天上的织女、七仙女，或者是勤劳善良的田螺姑娘；然而书生们却爱的是王宝钏、崔莺莺、杜丽娘这样的千金大小姐，再不然也是大财主家有学识的祝英台，村姑或丫鬟从来就没有进入过他们的爱情视线。村姑那么勤劳，丫鬟那么机灵，怎么从来不被农夫和书生们喜爱呢？鲁迅也说："贾府里的焦大是不会爱上林妹妹的。"看到这句话，也许很多人会觉得奇怪，难道貌若天仙的林妹妹在焦大这里就变丑了吗？其实不是这样的，原因在于对于同一对象，不同的欣赏者有不同的看法，即审美的差异性。

佳人不同体，美人不同面，而皆悦于目

美感共同性是指不同或同一时代、民族的人们，对于同一审美对象所产生的某些相似、相同、相通的审美感受、审美评价。由于美是人类共同发现、共同创造的，人类的社会实践、审美实践使人具有共同的心理结构，所以人们具有一种普遍的审美尺度，在美感中显示出基本的一致性。不论是东方民族还是西方民族，不论古代人还是现代人，也不论富翁、贵族还是穷人、平民，如果游览凤凰古城，看到美丽的湘西风景，都会产生相同的优美感；如果站在喜马拉雅山前，获得的又是相同的崇高感；观看喜剧《伪

君子》，会产生相似的喜剧感；欣赏悲剧《俄狄浦斯王》，获得的是相似的悲剧感。

我国古代就有说明美感有共同性的例子，如《淮南子·修务训》："故秦楚燕魏之歌也，异转而皆乐。"《淮南子·说林训》："佳人不同体，美人不同面，而皆悦于目。"世界各国人民、各阶层人士在观赏我国的万里长城、希腊的巴特农神庙、埃及的金字塔等古老而雄伟的建筑时，也能产生大致相近的共同美感。之所以有这种共同的美感，首先在于我们有着欣赏美的相同的审美器官，还有我们有着长久以来形成的共同的心理基础以及共同的社会文化。

一千个读者眼中有一千个哈姆雷特

美感不仅具有相同性，而且还具有差异性。美感的差异性是指同一或不同时代、民族、阶层的人以及同一个人，面对同一审美对象，会产生不同或对立的审美感受、审美评价。人类之所以具有审美差异性，是由于人们具有不同的社会实践和审美实践，以及由此产生的不同的审美意识、需要、能力。比如欣赏同一出悲剧《梁山伯与祝英台》，不同的人审美感受不同：有的人伤心不已、潸然泪下；有的人疾恶如仇、义愤填膺；有的人满怀同情、为其惋惜……车尔尼雪夫斯基指出，不同阶级、不同教养的人如商人、贵族、农民对美有全然不同的审美要求、审美感受。在有阶级存在的社会中，不同阶级利益、生活方式、社会需要，形成

不同的思想、情感、心理、习惯，形成不同的审美意识、标准、理想，对审美对象的美感、审美评价便具有了阶级的内容。美感的阶级性，制约着人的审美选择、感受和评价，影响人对美的创造。因为人们在审美活动中，往往接受欣赏本阶级认同的审美对象，排斥与本阶级利益相对立的审美对象，从而在美感中渗透了阶级的意识。承认美感的阶级性，并不排斥美感的共同性。

总之，美感既具有共同性又具有差异性。如果我们能够正确认识美感的共同性和差异性，不仅有利于我们把握美感的性质，创造既具有普遍审美价值又具有多样性的美和艺术，还有利于我们正确对待各个时代、民族、阶级的人所创造的美，更有利于提高我们的审美能力。

第四章 人的美感从何而来

白居易为何"渐恐耳聋兼眼暗"

唐代诗人白居易十分喜爱泉、石,晚年的时候尤甚。曾著有一首诗来表达自己爱泉、石的心,这首诗名为《题石泉》:

殷勤傍石绕泉行,不说何人知我情。

渐恐耳聋兼眼暗,听泉看石不分明。

这首诗的意思是:诗人热切地沿着石刻绕泉而行,这其中的感情是别人无法知晓的。只怕是随着年龄的增长耳朵会逐渐变聋,眼睛也会逐渐看的不清晰,以致不能那么清晰地听到泉水的声音和欣赏石头的美。

一句"渐恐耳聋兼眼暗"不仅道出了诗人对石、泉的钟爱,也反映出一个美学命题,那就是人必须通过一些审美感官才能欣赏到事物的美,也必须通过审美感官才能完成审美的过程。

那么何为审美感官呢？人类最重要的审美感官是什么呢？除了视觉和听觉之外，其他的审美感官是否可有可无呢？

没有审美感官，再美的东西也无法进入人的大脑

审美感觉是审美的基础，审美活动是从审美感觉开始的。而审美感觉依赖于审美感官，所以人们欣赏美、鉴别美、创造美，都离不开审美感官。没有审美感官，再美的东西也无法进入人的大脑。审美的感官包含两层含义，一是指正常的良好的生理感官，包括眼睛、耳朵、鼻子，等等。眼盲是看不到美好的事物的，耳聋是听不到声音听不到美妙动听的音乐的。二是指这些感官要懂美，并且还要会审美。如果视力佳但却找不到事物美的方面，听力好但听不懂音律，这样的感官也称不上审美感官。

人类85%以上的审美感觉是依靠视听感官得到的

眼睛和耳朵是人的最重要的审美感官，有人统计，人类85%以上的审美感觉是依靠视听感官得到的；而嗅、味、触这样的感官仅占15%。因此，有人就把视听感官称之为高级感官，而把嗅觉器官、味觉器官和触觉器官称之为低级感官。的确，美主要是通过视觉和听觉被人感受的。马克思曾在《1844年经济学——哲学手稿》中指出"对于不辨音律的耳朵说来，最美的音乐也毫无意义，音乐对他说来不是对象"。

中国古代有这么一个故事：公明仪是战国时期著名的音乐家，

他能作曲也能演奏，弹的曲子优美动听，很多人都喜欢听他弹琴，人们很敬重他。

公明仪不但在室内弹琴，如果遇上好天气，还喜欢带琴到郊外弹奏。一天，他来到郊外，春风徐徐地吹着，垂柳轻轻地摇摆着，一头黄牛正在草地上低头吃草。见此情景，公明仪一时兴致来了，摆上琴，拨动琴弦，给这头牛弹起了最高雅的乐曲《清角之操》来。但是老黄牛却仍然一个劲地低头吃草。

看到老黄牛没有一点反应，公明仪想，这支曲子可能太高雅了，换个曲调可能会好一些。于是，他弹了一支比较通俗的曲子，老黄牛仍然毫无反应，继续悠闲地吃草。

公明仪很是纳闷，就拿出自己的全部本领，弹奏最拿手的曲子。但是老黄牛除了偶尔甩甩尾巴，赶赶牛虻，仍然低头闷不吱声地吃草。

过一段时间，老黄牛竟慢悠悠地走了，换个地方去吃草了。

公明仪见老黄牛这样，很是失望。路人看到这个情景，对公明仪说："你不要生气了！不是你弹的曲子不好听，是你弹的曲子不对牛的耳朵啊！"

公明仪连连摇头，自言自语地说："唉，太扫兴了，这头牛是个音盲啊！"他背起了琴，离开了田野。

牛虽然有正常感官，但它的耳朵没有经过审美训练，缺乏审美能力，所以它也无法分辨音律，不懂得各种声音的美学意味。所以，无论公明仪的琴声再美妙，牛也无法感觉到的。这个故事告诉我们,客观现实世界尽管有着许许多多可供欣赏的美好事物,但是人们发现美,感受美的前提是必须有审美感官,没有审美感官,那么就会"有眼不识泰山"——视而不见、听而不闻、食而不知其味,犹如"对牛弹琴"。

而大自然的声音和音乐的美妙也都是通过耳朵听出来的。

人们还有一双感受美的"内在眼睛"

几百年前,英国伦理学家、美学家夏夫兹博里提出一个观点说人天生就有审辨美丑的能力。他替这种天生的能力取了多种不同的称号:"内在的感官","内在的眼睛","内在的节拍感",等等,后来有人把这种感官称为"第六感官"。夏夫兹博里的意思是说,当人们在感受到大自然的美景、美丽的图画、精妙的工艺品时经常会产生的一种不假思索的、内在的愉悦,就是由于人们的内在眼睛。在他的观点中,人们需要注意两个问题:第一,在视听嗅味触五种外在的感官之外,设立另一种在心里面的"内在的感官"作为审辨善恶美丑的感官,这说明审辨善恶美丑也不能完全靠通常的五官。因为通常的五官只能让我们看到色彩、听到声音,但是却不能让我们分辨色彩的美丽与声音的悦耳。第二,"内在的眼睛"在性质上不是理性的思辨能力,而是一种感官的能力。也就是说,当人的内在的眼睛起作用时,与目辨形色、耳辨声音具有相同的直接性而不是思考和推理的结果,这主要表现为,人类的感动和情欲一接触观察对象,人的"内在的眼睛"就能直接分

辨出什么是美好端正的，可爱可赏的，什么是丑陋恶劣的，可恶可鄙的。

所以，人们也不能忽视自己的"内在眼睛"。

其他的审美感官是否可有可无呢

重视视觉、听觉感官，并不是说就可以忽视嗅、味和触觉器官。人们除了运用眼睛、耳朵外，还可以通过舌头、鼻子和身体来接受美的信息。人们如果在看和听的同时，又可以从嗅觉、味觉和触觉等方面来感受美，那么对景物的美感就会更加强烈。如宋代诗人王安石的咏梅的诗句："墙角数枝梅，凌寒独自开。遥知不是雪，为有暗香来。"黄庭坚登临南楼观湖光山色时，感觉秋风凉爽宜人，闻到十里荷花的清香，更加心旷神怡："四顾山光接水光，凭栏十里芰荷香。清风明月无人管，并作南楼一味凉。"（《鄂州南楼书事》）以上这些，都说明鼻子、身体、舌头对审美的作用。

望梅止渴的故事更说明了光凭视听感受，没有嗅、味、触感官的辅助，就不能全面、强烈地感受对象的美的道理。

曹操率领部队去讨伐张绣，骄阳似火，异常炎热，士兵们口干舌燥，但一时找不到水喝。为激励士气，曹操灵机一动，说："前头有一片梅林，结了许多青梅，又酸又甜，可以解渴。"士兵们一听，眼前仿佛浮现梅子的形象，嘴里流出了口水，就不感到口渴了。

如果我们把这个故事当作审美对象来欣赏，就可以说明这样一个道理：审美者除了具备视听方面的审美经验外，还必须具备品尝青梅的味觉经验,才能对"望梅止渴"产生审美感受。对于那些没有亲口尝过青梅的人来说,"望梅"就不能"止渴",就难以对这个故事产生逼真的美感了。总之,在审美直觉中,只有调动一切感官机能去感受客观对象,才能获得对它的完整生动的印象。

创作需要一百只眼和一百只手

法国印象派画家莫奈在英国生活期间,在海德公园和泰晤士河上画了许多作品。画面上,伦敦上空的雾呈现出紫红色。伦敦人看到画后哗然:我们生活在伦敦,从来没见过紫红色的雾?况且历史上也没有这样的记载!肯定是莫奈搞错了!然而,当激动的观众走出展览大厅,抬头仰望伦敦的天空,"天哪!雾的确是紫红色的!"他们惊叫起来。原来由于工业发达,伦敦烟囱林立,空气中弥漫着煤和灰的尘粒。这些尘粒在阳光的作用下,使笼罩在伦敦的雾呈现出紫红色。另外,伦敦红砖墙的建筑物比比皆是,也是造成这种颜色的一个原因。莫奈也因此而获得了一个"伦敦雾的创造者"的雅号。莫奈的这幅画为什么能够如此与众不同呢?

眼睛是审美心灵的窗口

莫奈的画之所以能够与众不同,这主要得益于他敏锐的观察

力。莫奈曾对着同一草堆，根据朝、夕、晦、明时的不同变化，创作出15幅不同色彩的画。如果没有训练有素的眼睛，是画不出这些具有细微差别的画的。

《游后园寺》是南北朝时期的梁元帝萧绎的一首诗："日照池光浅，云归山望浓。入林迷曲径，渡渚隔危峰。"诗中把后园寺的景色非常细致地描绘出来：在灿烂阳光照射下，池水反光，看起来池塘比较浅；云涌山谷，山色显得更加浓郁；林中小径，曲折幽深，道路扑朔迷离；洲渚对岸，危峰耸立。诗人之所以能写得如此纤致，这都是源于诗人仔细观察的结果。

美国作家马克·吐温的观察力更厉害，他能通过一个人的外表了解一个人的内心。一位百万富翁，他的左眼坏了，花钱请人装了一只假的。这只假眼非常逼真，一般人是辨认不出来。这位百万富翁十分得意，常在别人面前炫耀自己。一次，他遇到马克·吐温，得意地问道："你能猜出来我哪一只眼睛是假的？"马克·吐温指着他的左眼说："这只是假的。"百万富翁十分吃惊："你是怎么猜出来的？"马克·吐温不紧不慢地回答道："因为这只眼睛里多少还有一点点慈悲。"马克·吐温的观察力真是入木三分，而他的幽默讽刺也令人叫绝。

创作需要一百只眼睛和一百只手

阿·托尔斯泰曾经说过："在艺术里，一切都取决于具有重大意义的艺术家的观察力。"左拉则形象地把创作比作眼和手的工作。他说创作需要一百只眼和一百只手："一百只眼是为了能看到一切，一百只手是为了握住笔杆，记下一百只眼的见闻。"由此可见，审美观察是达到生动真实地再现生活的必经之路。

王羲之非常喜欢鹅，他经常细察鹅游水的姿态，从中悟出用笔的方法：执笔时食指要像鹅头那样昂扬微曲，运笔时要像鹅掌拨水那样自如，这样才能使全身的精力贯注在笔端上。唐代张旭的草书最负盛名，而他的草书也主要得益于他的观察。他"见公主担夫争道而得其意，又观公孙大娘舞剑器而得其神"。他把公主担夫争道的杂而不乱、挤而有让的情景，用到自己的书法布局结构中；公孙大娘舞剑的英姿，使他悟彻了书法的生动气韵。

由此可见，要想使自己的创作与众不同，必须具有一双善于观察的眼睛。

此外，审美观察不仅能提高艺术创造的水平，而且还能发现美或美的形式。中国的竹画，分为朱竹和墨竹，墨竹就是来源于观察。五代时期蜀国的李夫人，是个才女，擅长诗文书画。南唐郭崇韬伐蜀时，把她房为夫人。而郭崇韬是个武夫，对书画一窍不通，多才多艺的李夫人终日陪伴着郭崇韬，郁郁寡欢，百无聊赖，只好寄情笔墨。一个风清气爽的月夜，她独自坐在窗前赏月，见月光下婆娑的竹影映在窗纸上十分好看，突然萌发了把它们画下来的想法，于是她用墨笔在窗纸上描画。白天人们再看窗上所画的竹影，生气勃勃、别具一格，非常好看。后来大家竞相模仿，竟成了风尚。

一触即觉，一见倾心

"蛙声十里出山泉"是清初诗人查慎行诗里的一句话，这句话是这样得来的：一个雨过天晴的夏日夜晚，诗人漫步于溪边。他放眼望去，天空中繁星点点，远处青山与天浑然一色，近处的树木渐渐隐没在夜色中，萤火虫沿着溪边草丛飞来飞去。四周一片寂静，耳边从山涧传来蛙声。这些清新感觉在诗人头脑中汇织成一幅美丽的图画，查慎行感到十分愉悦，于是诗意从心中涌出：

雨过园林暑气偏，繁星多上晚来天。渐沉远翠峰峰澹，初长整阴树树圆。萤火一星沿岸草，蛙声十里出山泉。新诗未必能谐俗，解事人稀莫浪传。

其中一句"蛙声十里出山泉"到今传唱不绝。其意思是说，有青蛙叫的地方方圆十里内一定有山泉出现。查慎行为什么会产生这样的认知呢？这是因为诗人在对雨后夜晚的审美过程中不自觉地形成一种认知，这种不自觉便是一种审美直觉。那么审美直觉有什么特点？

人能感受事物的美首先来源于直觉

查慎行之所以能将雨后夜晚的感受吟成了诗，是因为他运用了审美直觉的方式。所谓审美直觉，即人们在感受美的时候，不经过加工而直接获得审美感觉、审美知觉、审美表象以及审美愉悦的心理特征。用科学语言来表述，即审美直觉是人对事物外在

审美特质的感觉、知觉、表象以及在预先掌握的理智、情感作用下的审美感受。

审美直觉往往具有偶然性的特点。生活中的美,往往是不期而遇的。所以诗人在表达审美直觉性这一特点时,喜欢用"偶"字。如吕从庆的《山中作》中有这么一句:"偶因送客出前溪,使过溪桥拾诗句"。

那么,审美感受为什么具有直觉性呢?原因很简单,即由于审美对象具备了直觉所能把握的具体可感形象的特性,而人类又具有直接感受美的审美器官。所以人可以根据直觉捕捉到生活中的美。雨后夜晚山溪风景之美,在于繁星、园林、树阴、萤火虫和蛙鸣、水声组成的美丽图画。人通过自己的审美器官就可以直接感受这些美。

审美直觉是非理性的,也是一见钟情的

审美直觉的第一个特点是"非理性"。正如康德说的那样:"美是那不凭借概念而普遍令人愉快的",美的事物"总是对我们的直观能力发生作用,而不是对我们的逻辑能力发生作用"。我们感受美,并不需要经过理性思索,不需要运用概念、判断、推理的形式,而是运用审美感官,接触美,捕捉美。正是由于这种非理性,我们才能进入审美世界,体会到其中的无穷奥妙。如果我们用纯理性的眼光看待审美对象,那么就感受不到诗意的美。

有这么一段轶闻:苏轼有一佳句"竹外桃花三两枝,春江水

暖鸭先知",把初春的景色生动形象地呈现在我们面前,真是妙不可言。但是清人毛奇龄读苏轼这句诗时,却指责说:"鹅也先知,怎只说鸭?"毛奇龄是用理性的、科学的态度读诗,所以体会不到其中的乐趣。

如果用理性的态度去欣赏事物,那么审美直觉就会离他而去,那么美感也就不复存在了。英国诗人华兹华斯在《劝友诗》中说得好:大自然给人的知识何等清新,我们混乱的理性,却扭曲事物优美的原形——剖析无异于杀害生命。

审美直觉的另一个特点是"一触即觉,一见倾心"。人们面对美的事物,只要眼睛一瞥,耳朵一听,不用思索,就能立即感受到美,愉悦的情感顿时充盈心间。如春天在野外踏春,看到充满生机的大自然,听着泉水叮咚的声音,享受着春风的吹拂,心中会顿时升起一种美的愉悦感。再如人们听着美妙的音乐,或者欣赏着逼真的雕塑,都会情不自禁地称赞它给我们带来了美的享受……

为何情人眼中出西施

莎士比亚有一首十四行诗是这样写的:"我情妇的眼睛一点不像太阳/珊瑚比她的嘴唇还要红得多/雪若算白,她的胸就暗褐无光/发若是铁丝,她头上铁丝婆婆/我见过红白的玫瑰,轻纱一般/她颊上却找不到这样的玫瑰/有许多芳香非常逗引人喜欢/我情妇的呼吸并没有这香味/我爱听她谈话/可是我很清楚,

音乐的悦耳远胜于她的嗓子／我从没有见过女神走路／我情妇走路时候却脚踏实地／可是，我敢指天发誓／我的爱侣胜似任何被捧作天仙的美女。"

显然，诗人的情侣并无特别美丽的外貌，但她肯定有某种东西吸引了诗人，有一种使诗人动心的美，以至诗人（审美主体）在自己的心中塑造出了一个各方面都比客观形态更加美妙动人的意象，使他感到他的爱侣比任何天仙美女都更动人。

正所谓"情人眼里出西施"，即是如此了。可是为什么情人眼里出西施？在审美活动中，这种感觉有什么作用？

言有尽而意无穷

情人眼里之所以出西施，其实是因为情人之间的感情超越了功利，也蒙蔽了人的眼睛，是审美错觉在起作用。审美错觉是审美中出现的不符合事物客观情况的错误知觉，有听错觉、视错觉和空间定位错觉等。产生审美错觉的原因是多种多样的。如人的相貌作为一种物质形态是客观存在的，但如果作为一种审美形态，却是可以随着人们主观感情的变化而变化的。此时情人眼里的"西施"在强烈的情感活动中是经过改造和变异了的，是涂抹上了审美主体色彩的客体。这种似真似幻亦真亦幻的错觉，正可以带来深刻的情感体验和巨大的审美愉悦。

在人面前可以如此，那么在自然美面前或艺术美面前，也恰如在情人面前一样，审美主体通过富有个性特征的想象，丰富着、充实着、改造着充满情感色彩的客体,并创造着自己头脑中美的对象。所以,大诗人才会出现羽化登仙的感觉。

生活中有很多让人产生审美错觉的例子,比如两个相同的事物,一个放在大背景中,就显得比较小,一个放在小背景中,就会显得比较大;坐火车时,看窗外景物,仿佛在向后退;雨后天晴时的高山,比云雾弥漫时显得近。在一定心理状态影响下,人们也能引起错觉。如"草木皆兵"、"杯弓蛇影"、"风声鹤唳",就是由于紧张、惊疑、害怕所引起的错觉。

我们在朦胧美那一节中提到过,普通的错觉是直接单纯的,是由一般感知所造成的错位。而在审美活动中,所谓的审美错觉就是对审美对象深入体验后,形成的不符合实际情况的错误知觉。然后通过错觉完成对审美意象的再加工,恰恰正是这种弄假成"真",创造出一种新颖独特的审美意趣,人们从中获得意外的快感和满足。

没有审美错觉,审美就会失去一道优美的风景线

在科学认识、科学实验中,必须要避免错觉,但是在审美活动中,审美错觉却有着非常特殊、十分奇妙的作用,一些审美对象就是依靠错觉才产生特殊的审美意义的。建筑物多开窗,可使室内显得宽敞;风景画不加框,可使山水显得更深远。再比如,我们经常会在一些杂志上看到这样的穿衣技巧:上身过长的人穿横线条衣服,身材矮小的人穿长条裤,身材肥胖的人要穿深色的

衣物……这可使人在错觉中产生均匀感。总之,审美错觉可以弥补对象的缺陷,增强美感,可使形象逼真。电影、魔术等更因错觉产生特殊的魅力。一些脍炙人口的名句,就是由于及时捕捉审美错觉而成的,如"山重水复疑无路,柳暗花明又一村"(陆游)、"飞流直下三千尺,疑是银河落九天"(李白)、"月来满地水,云起一天山"(郑燮),"开户满庭雪,徐看知月明。微风入丛竹,复作雪来声"(陆游)。这些名句,把眼前景物的错觉捕捉下来,就成了很美的诗句。这些诗句之所以千古流传,依赖的就是人的审美错觉。如果没有这些错觉,审美就会失去一道优美的风景线。

"明月松间照,清泉石上流"

"空山新雨后,天气晚来秋。明月松间照,清泉石上流。竹喧归浣女,莲动下渔舟。随意春芳歇,王孙自可留。"这首《山居秋暝》是王维的山水诗的代表作之一,全诗描绘了秋雨初晴后傍晚时分山村的美丽风光和山居村民的淳朴风情,表现了诗人寄情山水田园,对隐居生活怡然自得的满足心情。它唱出了隐居者的恋歌,至今仍传唱不朽。特别是其中的两句"明月松间照,清泉石上流",被苏轼誉为"诗中有画,画中有诗"的典范。这首诗之所以得到如此高的评价,其过人之处在于什么呢?

诗人对自然景物的描述是一种审美知觉

从审美的角度看,《山居秋暝》这首诗描绘的,已经不是某一种审美感觉,也不是几种感觉的简单相加;而是各种审美感觉的复合、综合和有机的整合。这里既有空山、明月、清泉、石、浣女、渔夫等的视觉实体,并溶和着形体觉、色泽觉;又有归来的浣女的银铃般的笑声的听觉,和事物位移的动势觉,以及变化着的时间。

作者对各种感觉进行综合、整理,并进行排列、组合,使它们融为一体,绘成一幅完整的画面。这种整体性的感觉,为读者提供了想象、创造的坚实基础。

我们把这种经过整合后呈现出来的整体性感觉,称之为审美知觉。如果用一句简单的话来概括审美知觉,那就是所谓审美知觉就是各种感觉的整合。它是对事物外在多种审美特性的综合性、整体性的反映。

在古代诗词、小说、书画中运用审美知觉描绘事物的例子数不胜数。如杜甫的《江畔独步寻花七绝句》之一:"黄四娘家花满蹊,千朵万朵压枝低。流连戏蝶时时舞,自在娇莺恰恰啼。"即是对各种审美特性、各种审美感觉材料进行了综合、整理和组织,并将这些审美感觉联系起来,最终形成一个整体的"场",使人对江畔美丽春景产生了整体性的审美感受。

审美知觉让人进一步加深对美的印象

可以毫不夸张地说，审美知觉在审美活动中非常重要。因为个别的、零散的感觉不足以形成对客观对象完整的映像，不能长久地留在人的大脑中，也不能作为审美心理活动的基础。然而审美知觉不仅综合了各种感觉形成整体性的映像，并且把这种映像固定在人的大脑中，甚至留下永久的记忆。

更为重要的是，审美知觉还可以根据审美者的审美目的、审美能力、审美趣味、审美习惯和特定的情绪状态，去选择对象，去感知那些符合目的、需要、趣味的对象，以求得心理上的满足，如："月落乌啼霜满天，江枫渔火对愁眠。姑苏城外寒山寺，夜半钟声到客船。"（张继《枫桥夜泊》）张继写这首诗时，当时的夜景很多，但他选择了符合自己审美目的的落月、江枫、银霜、渔火、城郭、船舶、寺庙、乌啼、钟声，而没有选择秋风、流水等。这样，就能驾轻就熟地知觉它们，并进一步加深知觉印象。

审美知觉还是艺术创作的起点。王维、杜甫、张继，捕捉知觉，写下了不朽诗篇，许多艺术家也是凭知觉创作自己的作品的，擅长油画、素描的画家司徒乔就是其中之一。他创作《三个老华工》，也是得益于知觉，这是画家 1950 年在美国治病回国途中，偶然遇到同乡回国的三个老华工，看到他们疲惫和满是沧桑的面容，感叹于他们所经历的苦难，用土红和墨色炭笔配合画成的一幅素描画。

画家若是没有这次知觉活动，就很难构思出这样深刻的作品来。由此可见，在审美活动中，审美知觉的作用是非常重要的。

"风摇翠竹，疑是故人来"

碧水惊秋，黄云凝暮，败叶零乱空阶。洞房人静，斜月照徘徊。

又是重阳近也，几处处、砧杵声催。西窗下，风摇翠竹，疑是故人来。

伤怀！增怅望，新欢易失，往事难猜。问篱边黄菊，知为谁开？

谩道愁须殢酒，酒未醒、愁已先回。凭栏久，金波渐转，白露点苍苔。

这首词是北宋词人秦观所著的《满庭芳》，此词融情入景，以景语始，以景语终，层层铺叙、描写中表达了伤离怀旧的心绪。明董其昌《评注便读草堂诗馀》谓此词："因观景物而思故人，伤往事且词调洒落，托意高远，佳制也。""西窗下，风摇翠竹，疑是故人来。"写景中透露出怀人的情思，是全词的主旨所在，这几句是从唐人李益诗句"开门风动竹，疑是故人来"化出，易"动"为"摇"，写出了竹影扶疏的风神，同时也反映出对故人的情意。

"风摇翠竹"为何"疑是故人来"？

炽热专注的情感状态容易产生审美幻觉

"疑是故人来"其实是词人在进行审美创作时的一种幻觉，即审美幻觉。一般说来，产生审美幻觉往往有两种情况：

一是情感处在炽热状态,并为某种情绪支配时产生的。如郑愁予《错误》中写的"我达达的马蹄是美丽的错误,我不是归人,是个过客",其中的幻觉是由炽热的情感带来的。日夜盼望着与自己的心上人见面,以至于听到外面传来马蹄声就误以为是他归来了。

二是澄心凝思、专注于审美对象时产生的。当人们对某一对象非常专注、心无旁物时,就会进入幻觉。如祭奠亡人时,凝视亡人肖像或遗物时,想起亡人的点点滴滴,就会产生似乎亡人还活着,就站在自己的面前的感觉,"祭君疑君在,天涯哭此时"。再如苏轼和朋友在白茫茫的江面上驾一叶扁舟,饮酒诵诗时,突然产生了"浩浩乎如冯虚御风,而不知其所止;飘飘乎如遗世独立,羽化而登仙"的幻觉。

审美幻觉是一种不真实的审美知觉

审美幻觉和审美错觉一样,都不是真实的知觉。但两者还是有差别的:错觉是对存在事物的错误知觉,然而幻觉却是对不存在事物的虚幻知觉。幻觉中除知觉活动外,还常与联想、幻想联系在一起。人们一般认为,幻觉会破坏感知的真实性、准确性,但在审美和创造美的过程中,审美幻觉却经常起特殊的作用。因为幻觉能让人超越现实,将客体主观化,让人进入想象世界,引导人们进入审美境界。也即我们经常所说的,万物皆着我之色彩。朱自清先生在《荷塘月色》中是这样来形容荷花的:正如一粒粒的明珠,又如碧天里的星星,又如刚出浴的美人。再如,当我们心情高兴时,花儿对我笑,小鸟对我唱的情形,这都是将审美客体主观化的一种现象。

审美幻觉往往能引发人们的审美统觉

审美幻觉往往能将人带入一个幻化的整体境界,这种整体境界的形成就是人们的审美统觉的作用了。统觉,现代心理学定义为,由当前的事物引起的心理活动(知觉)同已有知识经验相融合,从而理解事物意义的心理现象。美国心理学家默里建立的"主题统觉测验"和瑞士心理学家罗夏建立的"墨迹统觉测验"都是让被测试者观赏墨迹或墨彩卡片。结果在这些模糊意象的模糊启示下,他们看到了云、山、战场等各种模糊的形象,甚至编出了完整的故事。统觉就是这样的一种心理过程。先是在审美欣赏活动中产生幻想,进入美感状态,然后它使人幻化出奇妙的、游动的、虚拟的形象,能将朦胧的对象所提供的朦胧信息,与主体经验融合,从而产生纯粹的知觉印象,从而理解对象的意蕴。把卡片上的模糊意象看成云、山、战场,对卡片中的意象有了整体知觉,并把它们连成整体,通过观察和分析,调动起人们已有的经验,对这幅画形成完整的、立体的、动态的形象感知,这时也就进入审美统觉了。

审美统觉是审美知觉的高级形态。在审美时,人人都会产生审美统觉,但审美统觉的能力并不相同,艺术家的审美统觉往往

比常人更敏锐、更丰富。当然，经过审美训练和审美熏陶，每个人都是可以提高自己的审美统觉能力的。

物我感应，享受无穷乐趣

北宋宋徽宗年间，一日皇帝赵佶踏春而归，雅兴正浓，便以"踏花归来马蹄香"为题，在御花园举行了一次别开生面的绘画考试。

这个考题，一下子就难住了很多考生。因为在这幅画里，"花"、"归来"、"马蹄"都好表现，但是"香"是无形的东西，很难用画表现出来。

许多画师虽有丹青妙手之誉，却面面相觑，无从下笔。有的画手画了马在花丛中飞驰；有的画是骑马人踏春归来，手里捏一枝花；有的画骑在马上的人用鼻子闻花香；有的还在马蹄上面沾着几片花瓣；有的画了蝴蝶、蜜蜂在花丛中飞舞……但都表现不出"香"字来。唯有一青年画匠奇思妙构：几只蝴蝶飞舞在奔走的马蹄周围，这就形象地表现了踏花归来马蹄还留有浓郁的馨香。

宋徽宗一看，大加称赞，其他画师看后也莫不惊服，皆自愧不如。那么，青年画匠运用了什么样的手法而获得了宋徽如此高的评价？

青年画匠运用了通感的手法

青年画匠之所以获得如此高的评价，是因为他运用了通感的手法。通感，就是在人们的审美活动中使各种审美感官，如人的视觉、听觉、触觉、嗅觉等多种感觉互相沟通，互相转化，将本来表示甲感觉的词语移用来表示乙感觉，从而使意象更为活泼、新奇的一种手法。钱钟书先生说过："在日常经验里，视觉、听觉、触觉、嗅觉、味觉往往可以彼此打通或交通，眼、耳、舌、鼻、身各个官能的领域，可以不分界线……"

在审美活动中，一种感觉引起另几种感觉的通感很多。如林黛玉听《牡丹亭》时，"细嚼'如花美眷，似水流年'的滋味"，这是由听觉转为味觉体验。"微风过处，送来缕缕清香，仿佛远处高楼上渺茫的歌声似的"（朱自清《荷塘月色》）清香乃是嗅觉，歌声乃是听觉，这里将嗅觉转化为听觉；再比如，"你笑得很甜"，"甜"是用来形容味道的，这里却用形容味觉的词来形容视觉，将味觉转化为视觉。

总之，通感广泛地存在于人们的日常生活感受之中，就像你看着满园的春色，就会情不自禁地哼起"春之歌"一样。

审美通感使人产生更加丰富和强烈的美感

通感的使用，可以使人各种感官共同参与对审美对象的感悟，克服审美对象知觉感官的局限，从而使美感更加丰富和强烈。

比如在听音乐时，如果能由听觉连通其他视觉或触觉等感觉，就会更好地体会音乐的意蕴，"泠泠七弦上，静听松风寒"（刘长卿）。在欣赏绘画时，如果能从视觉沟通听觉或嗅觉，那么就会

沉浸在画的境界中,"出气花香无着处,今朝来向画中听"。著名音乐家德彪西说过:"对于一个音乐家来说,去看一个日出的优美景色,要比去听《田园交响乐》更为有益。"法国著名画家德拉克洛瓦曾说:"音乐常常赋予我一些伟大的思想。当我听音乐的时候,我非常想画画。"

由此可见,面对美的事物,如果各种感觉能连通起来,就会物我感应,享受无穷的乐趣。此外,审美通感还能够帮助艺术家克服各类艺术在物质手段上的局限性,提高艺术的表现力。比如可用听觉材料表现视觉形象,如冼星海的《黄河大合唱》、贝多芬的《英雄交响曲》那样。可用视觉材料表现听觉、嗅觉、触觉、味觉形象,如曹雪芹写的《红楼梦》、白石老人画的《蛙声十里出山泉》那样。

总之,审美通感可以使人产生新鲜隽永的意象,丰富人们的欣赏,产生多层次的审美感受。

审美想象原理

广阔、自由、随意

司汤达在创作《红与黑》时,他是根据当时引起轰动的一则新闻报道而激发出的审美想象:在当时,有一个神学院学生名叫安东尼·伯尔岱,他先后在两处当家庭教师。在第一处他引诱了女主人,在第二处他则引诱了主人的女儿。后来他被辞退,想恢复在神学院的生活,但是由于名声被他的所作所为败坏了,没有一所神学院愿意收留他。心灰意冷的他认为这一切都是那位夫人造成的,为了报复,他选择在教堂向那位夫人开枪,然后再自杀,但是未遂。最后他受到审判,被判为死刑。正是这个丑陋的故事吸引了司汤达,他认为伯尔岱的行为是一种"美好的罪恶",也代表一种强有力的叛逆个性对社会秩序的反抗精神。司汤达就是据此想象出《红与黑》的主要情节故事,并获得了巨大的成功。

那么，什么是审美想象呢？它是如何产生的呢？对于艺术创作有什么意义呢？

审美想象是表现主体个性和趣味的想象

我们把司汤达这种发生在审美过程中的想象，称为审美想象。它受制于主体的审美意识，是一种表现主体个性和趣味的想象，与主体的审美修养密切相关，同一个对象对同一个主体所引发的想象不同。对同一种类的艺术有特殊爱好和兴趣的人总是比较容易对这一类型的艺术产生丰富的想象，而这种想象通常也很独特。法国近代绘画史上最受人民爱戴的画家米勒，作为农民的儿子，他一直希望能用自己的画笔描绘农民、乡亲淳朴而勤劳的形象。1848年，他创作了一幅《簸谷子的女人》，此前他非常向往定居巴比仲，因此他带着这幅画的酬劳500法郎，毅然去了巴比仲。此后是米勒一生中创作最为丰富的时期。他所创作的法国人家喻户晓的名作有:《播种者》(1850年)、《牧羊女》(1852年)、《拾穗》(1857年)、《晚钟》(1859年)、《扶锄的人》(1863年)、《喂食》(1872年)、《春》(1873年)等，这些作品都是在此地完成的。他从不虚构画面的情景，每幅画都是从耕耘、放牧、劳动着的朴实百姓中来的，他真实记录了当时的法国农民的生活。

审美想象建立在表象的基础上

审美想象的基础是表象，而想象是建立在过往经验上的，是

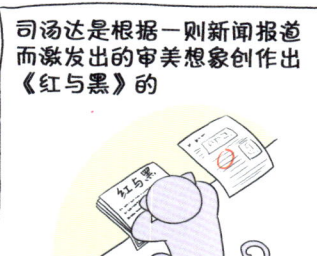
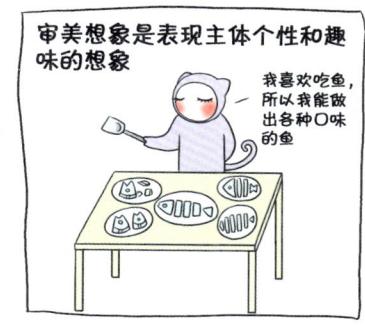

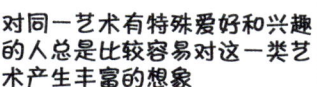
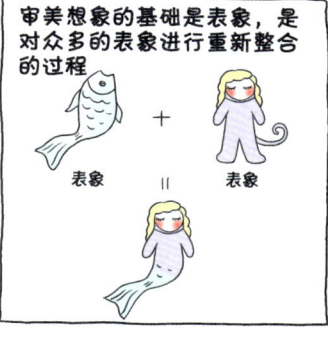

对众多的表象进行重新整合的过程。没有表象的积累，也就不可能有想象的扩展空间。审美想象就是以这些记忆表象为基本材料的。因此，所获得的表象越丰富，记忆能力越强，想象就会越丰富，所塑造的形象也会越丰满。审美想象尽管具有意向广阔、自由性和随意性的特点，但它同时也受到客观对象本身的要求所加以的规定和制约。

安徒生在《海的女儿》中对"小人鱼"的美妙的想象也完全是依据"人鱼"的特点来进行合理的想象。小人鱼的上半身是人，下半身是鱼尾。她原本可以在海底王国中快乐地享受三百年的荣华富贵，但她却仰慕人间的爱情生活。为了使自己获得一份人类的灵魂，她宁愿忍受无情的心灵折磨。当最后非要以另一个人的生命作代价才能换取她的爱情时，她毅然放弃了这唯一的条件，变成了泡沫，表现了她崇高人性的精神境界。

在这部作品中，安徒生巧妙地运用了人性与物性结合的童话幻想特点，从而使这部童话在优美绚丽的感动中表现出惊心动魄的矛盾冲突，深化了这一爱情悲剧的永恒意义。

审美想象是艺术创造的心理动力

审美想象可以说是艺术家们进行艺术创造的强大的心理动力。没有审美想象，就不用谈及艺术上能有多大的造诣，也不可能衍生出更多的具有强烈艺术色彩的艺术品。审美想象之所以对艺术家这么重要，完全是因为它贯穿审美活动的始终，具有非物质功利性以及明显的情绪性。

首先,审美想象是贯穿审美全过程始终的。文艺家是以多种类的事物为目标,而这些事物在现实中并不是有机联系在一起的,他们需要按照自己的创作意图和心理定势,借助审美想象的虚构功能,把这些事物经过过滤、整合然后融入情感中。

其次,审美想象具有非物质功利性。在一般情况下,想象机制是在生活的实践中,在功利的动机刺激下产生的,但是审美与创美是远离物质功利目的的。我们不能从画中的森林感受大自然的清新空气,也不能从乐曲中得到怡然自得的田园,文艺只是给鉴赏者营造一个文艺境界。对自然美的鉴赏也只是为了获得审美的愉悦,而不是占有审美对象。因此,审美想象唯一要遵循的条件是审美的需求和审美的动机。

最后,审美想象还具有明显的情绪性。审美情感是启动、激活审美想象的动力,也是展开深化的因素。反之,随着想象活动的展开,文艺家、审美者的审美情感也会进一步被激活和强化。席勒在《论悲剧艺术》中说过:"想象越生动活泼,也就更多引起心灵的活动,激起的感情也越强烈。"因此想象与情感是互相推动影响的。而在文艺创作中,文艺家一方面表现情感的深刻体验,另一方面也表现为对情感的深刻评价,也就是对表现对象的爱憎好恶的情感判断。法国浪漫主义画派代表德拉克洛瓦在他的代表作之一《自由引导人民》中,他以奔放的热情歌颂那次由工人、小资产阶级和知识分子参与的"革命运动"。画面呈现出高

举着三色旗的自由女神形象,他是以象征手法表达其内心的愿望,并用女性的柔美体现出浪漫主义的特征,以表达崇尚健康、坚决、力量,以及推翻暴政的祝福与赞歌,并采用强烈的光影营造戏剧性的效果,用丰富的色彩和充满着动力的构图给人以激动万分的力量。整幅画面充满了强烈、紧张、激烈的气氛,使这幅画非常具有鼓舞性。

可见,审美想象是人类所特有的高层次神经活动和心理能力,是欣赏美、创造美过程中形象思维的中心枢纽。审美想象在审美心理活动中起着关键的作用,它是意象创造、美感深化、艺术制作、艺术评论等的巨大心理动力。

想象的途径

1905年,马蒂斯(法国著名画家,野兽派的创始人)在秋季沙龙中展出了一幅马蒂斯夫人的肖像,并题为《戴帽子的女人》,这幅画由于舍弃了常规的形式,把颜料不分青红皂白地铺满整个画面,不管是在背景还是那顶帽子,包括这位夫人的脸部、她的容貌,都是用大胆的绿色和红色的笔触将轮廓勾勒出来,让人大为震惊,但也因此受到人们的嘲笑。

一位德国艺术家走到他的面前,问马蒂斯在为夫人画她这幅肖像的时候,她穿的衣服实际上是什么颜色?马蒂斯不耐烦的回应道:"很明显是黑色的啊。"单从绘画的角度来说,这并不是显然的。那么马蒂斯夫人的衣服颜色和马蒂斯的画有什么关系呢？引用马拉美（法国象征主义诗人和散文家）的一句妙言：画的不是事物，而是去追求效果。但效果从何而来？这说明，艺术创作虽然要基于现实存在，但是却不一定要完全与现实相契合，而是可以高于现实的。很多东西是需要艺术家用创造性的想像才能实现的。

众人皆知，阿玛丽·马蒂斯是个坚强独立的女人，在马蒂斯没有卖出一张画的时候，她为了维持家庭生计，一度将她的帽子卖掉。那顶壮观的帽子就是画中最主要的部分。马蒂斯之所以画她戴上那顶帽子，因为那有着特殊的意义，那顶帽子是她的宝剑，是她胜利的象征，代表她的尊严和力量。这样就出现一个画面：在1905年，这个女人戴了一顶帽子，面对世界，接纳所有来者，当然，还会穿上黑衣服。

马蒂斯就是用这种特有的形式和色彩承担巨大的风险，将肖像画得和他的妻子一样的勇敢有力。如果他将这幅肖像画画得和真人一模一样，反而不能够体现出马蒂斯夫人身上所具有的那种勇敢有力的特质了。那么，究竟什么是创造性想象呢？

创造性想象是一种对美的享受过程

很多人也许会感到疑惑，创造性想象到底是什么？也许有些人会对这个问题感到担忧，当闭上眼睛试图想象的时候，发现并没有在脑中形成任何图像。其实不管你是否真正见到什么图像，

只要知道在运用想象，享受这个过程就好。

如果你仍然不确定什么是创造性想象，那么可以闭上眼睛，试试下面的练习：

现在闭上你的眼睛，深深放松。想象在某个熟悉的房间，可以是你的客厅或者卧室。记住其中的某个细节，比如落地纱帘的颜色，家具安放的位置，光线有多明亮或多暗淡。现在你走入这个房间，在舒适的沙发、藤椅或者柔软的床上坐着或者躺下。

然后回忆最近几天发生过的某一愉快的经历，尤其是一件有着愉悦身体感觉上的经历。比如享受一顿美餐、在温暖的水池中游泳。尽可能想象主要的经历，而从这一愉悦的感觉中再次获得享受。

或者想象你走在乡间，旁边是一条冷冷的小溪，在松软的草地上全身放松，再穿过一片阳光闪耀下茂密的树林，这可能是你最向往的一个地方或者理想王国。然后仔细描述下细节，用任何你喜欢和愿意的方式去创造它。

期间不管你正处在什么过程中，就让这些场景自然浮现在你的脑海，这些就是你想象的途径。

创造性想象是人对审美记忆的整合

那究竟什么是创造性想象？我们从上面可以得出：创造性想象是在特定的事物引导下，不是对现有景象的描绘，也不是对当前事物的映像；它是凭借过往的经历、感知的目的，而将当前需要感知的对象同各种记忆中的碎片加以整合改造,从而创造出独立新形象的想象过程。它不仅可以创造出自己从未感知过的形象,也可以创造出一些具有超前意识的现实生活中没有,但是未来预期有可能会出现的事物。甚至可以突破常规的思维和种种限制,而创造出生活中并不存在的事实景象。

实际上在创造性想象中通常涉及两种不同的模式。一种是被动接受性的,另一种是主动性的。在接受性的模式中,我们只需处于放松的状态,让图像浮现在我们的脑海,而不去关注其中的细节,出现什么图像我们就接受什么。在主动性模式中我们则是有意识地选择和创造我们希望看到或想象的图像。这两种过程构成了创造性想象的重要组成部分。

创造性想象是点化丑的魔棒

在自然中一般人眼中所谓的"丑",在艺术中通过创造性想象就能变得非常美。

在事物蕴含的规律中,所谓"丑"是异型的、不健康的,令人想起疾病、羸弱和痛苦,是与正常、健康和力量的象征与条件相反的那番景象——身形扭曲是"丑"的,衣衫褴褛是"丑"的。而那些不道德的人,污秽的、犯罪的人,危害社会举止反常的人,他们的灵魂与行动也是"丑"的。因此,把任何一个令人生厌的形容词加持在只能使人感到坏的方面的事物上,都是可以的。

但是在一位伟大艺术家,或作家的眼中,当觉察到这种"丑"

的时候，会即刻使他变形——只需用想象的魔杖轻轻触碰一下，"丑"便转化为美了。

当法国画家米勒表现一个可怜的农夫，一个身体被疲劳所摧残、皮肤被太阳所炙晒的穷人，他就像一头遍体鳞伤的牲畜般呆钝，扶在锹柄上微喘时，只需在这受奴役者的脸上，刻画出他任由"命运"的安排，便能使这个噩梦中的人物变成全人类最好的象征。

当法国诗人波德莱尔描写一具散发着臭气、已经溃烂的兽尸时，竟然对着这可怕的形象，设想这就是令他拜倒的情人，正是这种骇人的强烈反差构成绝妙的诗篇——一面是希望永远不死的美人，另一面则是正在等待美人的残酷命运。

可见，在艺术中，充满创造性想象并有"性格"的作品，才是最美的。

梦中行路

在人类的文学艺术和科学技术的发展史中，梦境似乎往往与灵感产生有着不解之缘。在创作过程中，学者和艺术家们有时苦思经年不得要领，有时却借助做梦突然文思泉涌，一挥而就。

李白的《梦游天姥吟留别》是一首记梦诗，据说是诗人在梦中及梦后写成的。诗仙李太白以他无与伦比的才华将梦中瑰丽的神仙世界呈现在我们眼前："霓为衣兮风为马，云之君兮纷纷而来下。虎鼓瑟兮鸾回车，仙之人兮列如麻……"如此美轮美奂的玄幻仙境，也只有在梦中才会出现了。

英国剑桥大学的心理学家曾对有创造发明的学者作过一次调查，结果70%的人说曾经从梦中得到过启示。为什么梦境会给人以启示，梦境是一种什么现象？

梦是一种无意识想象的极端表现

想象可以是自觉的，可以有明确的意图，有特定的意象；也可以是不自觉的，没有明确的意图，也无特定的意象。我们通常把它作为无意想象和有意想象的界限。

无意想象是想象中最简单的形式。它产生意象观念时是没有特定意向的。当我们享受一顿美餐的时候，眼前的食物色彩斑斓，提拉米苏的味道醇厚绵密，葡萄酒的酒香沁人心脾，席间的恋人们正在窃窃私语，不禁让人浮想联翩：甜点、美酒、佳人，生活到处都是美的音符……就这样一直让各种表象自然而然地浮现在脑海中，离奇也好，荒诞也罢，都是漫无边际的毫无目的性的神游。

而说起无意识想象的极端表现就是梦境了，这种梦境的表现也常常出现在文艺创作当中，它可以利用创作和梦境相结合的方法，创造出一种新的艺术形象，赋予作品一种独特的魅力。这种梦境的力量时常会受到中外艺术家的青睐。据说意大利作曲家、小提琴家塔提尼，曾经梦见他给魔鬼一个小提琴，让他拉出旋律来，令人惊奇的是魔鬼撒旦竟然做到了，演奏出一曲奇异的奏鸣

曲，乐由充满火焰般的颤音，仿佛是神与魔鬼的交谈，充满了奇幻的意境。塔提尼在惊奇中醒来，立即记下那段奇异的旋律，这就是流传于世的名曲《魔鬼的颤音》。

无意想象的对立面是有意想象

与无意想象相对的是有意想象，有意想象是有明确目的、有特定意向的想象，是审美研究和艺术创造中常见的想象活动。意向性和目的性是它的首要特征。它一方面有自由广阔的想象空间，而另一方面是艺术家本人运用生活经验和一定的创作意图所创造出的事物。因此，有意想象有一定的规范性。它的第二个特征是对现实的超越性，它可以突破时空的限制。艺术的真实与现实是有距离的，当客观现实进入艺术家的头脑中时，就会变成一种主观的现实，融合艺术家的思想情感和性格意趣的现实。因此，在进行审美想象时，他可以用超越现实和违背常理的手法态度来进行构思，并以物态化的形式把变形的事物表现出来。

有意想象广泛存在于浪漫主义艺术和象征主义艺术，中国古典主义中也较为常见。爱情，是18世纪法国上流社会最为时尚的话题，法国一直以浪漫主义闻名，这也是有历史根据的。有许多绘画作品，不仅能够使我们感受到当时那种浪漫多情的气氛，还折射出法国社会的现实生活。除了华多和布歇，还有一位画家以描绘社会浪漫和爱情题材而闻名于世，他就是弗拉格纳尔，《秋千》是他的代表作之一。这幅画描绘的是在树荫浓密的花园里，衣着华丽的时尚女子荡着秋千,所有明亮的光环都集中在这个女子的身上,粉色的衣裙引发人的烂漫遐想;而在画的左下角,一个青年男子与荡秋千的女子互递情意,而活泼的小爱神目睹了这一幕。构图看似平淡无奇,但是有力地表达了其中人物的内心,手法实属高明。

无意想象可以激发艺术创作灵感

无意想象在创作中除了可以运用梦境塑造艺术形象、构思故事情节外,还能将它用于创作艺术意象过程中,运用无意想象来获取艺术创作的灵感。

歌德在创作《少年维特之烦恼》的时候,是听到一位少年因失恋而轻生的消息,刹那间仿佛看到一道光在眼前闪现,很快就想出了全书的架构。而他只花费了两个星期便写完了全书。在复读原稿的时候,他自己也感到很惊讶,好像不费力地就写完了一本书,他告诉人们说:"这部小册子好像是一个患有睡行症者在梦中做成的"。

法国音乐家柏辽兹,有一次为贝朗瑞的一首诗谱曲,全诗都谱完了,只剩最后一句,没有办法谱下去。他思索再三,也仍想不出一段曲调来传达这句诗的情感,于是就把它搁置起来。两年以后,他到罗马去玩,失足落水。当他从水中爬起来的时候,嘴里哼出的乐调,正是两年前再三思索而不能得到的乐曲。

与灵感相对的是败兴,"兴"也就是灵感,诗文的一切创作都适宜在"兴"的情形下开始,有"兴"时,兴致盎然,下笔流畅自如,而无"兴"时可能连一句最平常不过的话语都表达不出。潘大临答谢无逸近来是否作诗的问题时说道:"秋来日日是秋思,昨日捉笔,'满城风雨尽重阳'之句,忽催租人至,令人意败。"

可见,灵感是突然闪现,也是稍瞬即逝的,但也不是毫无准备的。法国数学家潘家责常说他关于数学的发明通常都是在街头闲逛的时候偶然得来的,但却没听过没有对数学下过半点功夫的人会在街头闲逛的时候发明数学的重要公式。在罗马落水的柏辽兹如果不是经过两年的潜意识酝酿,也绝不会在爬出水面的时候哼出动人的曲调。

同时,艺术家在玩味别样艺术的时候酝酿情感,然后再通过本身的媒介传达出来时,也是培养灵感的过程。

幻想中的真实

辛弃疾是我国古代著名的豪放派词人,但是其作品中也不乏婉约的浪漫。其著名词作《木兰花慢》就是一个典型。这首词作的创作背景据记载是在一年的中秋,辛弃疾兴致勃勃登楼赏月,却不想天上乌云密布,厚厚的云层遮住了月亮,见不到一丝月光。但是诗人的赏月兴致并没有因此受到影响,他望着灰蒙蒙的天空寻思,月亮到哪儿去了?对此,他展开丰富而奇异的想象,创作出了如下的词作:

可怜今夕月，向何处、去悠悠？

是别有人间，那边才见，光影东头？

是天外空汗漫，但长风浩浩送中秋？

飞镜无根谁系？嫦娥不嫁谁留？

谓经海底问无由，恍惚使人愁。

怕万里长鲸，纵横触破，玉殿琼楼。

虾蟆故堪浴水，问云何玉兔解沉浮？

若道都齐无恙，云何渐渐如钩？

中秋节竟然没有月亮，可以说是件让人遗憾的事，但诗人却通过想象进入了一个奇异的虚幻世界——天上的另外一个人间，那里刚好见到月亮从东方升起。这种审美幻想让这个没有月亮的中秋节顿时充满了浪漫的气息。为什么辛弃疾能创作出如此唯美的幻境呢？

审美幻想能将一切真实生活中的不可能变成可能

辛弃疾的这个想象，从美学上讲就是审美幻想。所谓的审美幻想是指在现实生活当中不能实现，而文艺家或者审美者又希望实现的愿望或理想。它是一种与生活愿望相结合，并指向未来的一种想象。审美幻想是构成包含愿望、向往、理想的艺术形象的重要手段，对艺术家而言是一种重要的艺术能力。对于艺术家来说，平时遇到的现实生活的片断可能是黯淡无光的，但是经过幻想的手法处理则会让形象变得顿时鲜活起来。

审美幻想具有永久的魅力，表现着人类心灵的美好追求。从远古人类的神话传说到当代艺术家的大胆创新，都离不开幻想的哺育。因为审美是自由的，它要求人们要突破时空限制，超越现实生活，创造出独特、丰富的形象；然而每个人经历是有限的，其意象记忆、联想也是有限的，永远也不可能历尽复杂无边的真实生活，对审美主体来说，很多事情都是不可能发生的。比如，现代的人都不可能回到二千多年前，去聆听孔子的教诲，更不可能穿越到清朝阻止英法联军火烧圆明园。这一切在真实生活和意象记忆中都是不可能的，但在审美幻想中却可以成为可能。审美幻想可以赋予人们现实没来得及或记忆意象没能够提供的一切，为审美想象展开一个无限广阔的天地。

积极的审美幻想是对现实生活的反映

幻想根据主题对现实的态度，对社会的倾向角度不同而有所分别，积极而有创意的、激励人改造现实的幻想会让人展望和预见未来，它是根植于现实与实践相联系的，会把人引入闪耀理想光芒的思想境界当中。

我国古代的很多著名诗人也大部分都是审美幻想的高手。苏轼就是个很善于审美幻想的诗人。他曾在中秋饮酒望月的时候，幻想遨游月宫："明月几时有？把酒问青天。不知天上宫阙，今夕是何年？ 我欲乘风归去，又恐琼楼玉宇，高处不胜寒"(《水调歌头》)。李白也是一个审美幻想的高手，如他的《梦游天姥吟留别》、《蜀道难》等篇章,都有非常绮丽的幻想。诗人们的这些审美幻想都表现出了他们对美好的向往和憧憬,所以能把人们引入他们的美好幻想中,真实地领悟到他们的思想境界。

总之,在文艺创作中,幻想的程度越高,其真实度就越高。弗洛伊德把这种创作视作"白日梦",认为艺术家的这种行为等同于孩子的游戏,孩子玩弄玩具的时候是充满热情和专注的,而艺术家也都是怀着极大的热情来创造一个幻想的世界。对于作家来说,他的幻想同夜间梦一样,都是受到压抑的愿望在无意识中的实现。他把这种受压抑的愿望归结为野心和生理欲望,这显然有失公允。但弗洛伊德又指出:"我们不能假设这种想象的产物——幻想、海市蜃楼或者白日梦,是固定不变的,它可以根据对生活的感悟而不断变化。"这也表明,弗洛伊德并未完全排除现实生活对幻想的影响。现实生活折射在创作者的头脑中留下的印记,恰好是创作的基础。

魔幻现实主义最伟大的代表作家加西亚·马尔克斯在创作《百年孤独》时,就是通过使用荒诞、变形的南美神话、传说作为隐喻的意象和基本的语素,来传达出拉美民族的文化心理在百年来动荡的历史过程当中,所反映出的内心的苦痛和内在的律动。他所描述的魔幻世界实际上是现实本质和规律的反映,像我国的四大名著之一《西游记》一样,都是用魔幻世界来传导真实的现实生活。

消极的审美幻想是一种空想

当人处于一种想入非非的状态,渐渐与现实脱离时,这种幻想就是一种空想,它是没有益处的一种消极的审美幻想。

臆测是对于艺术形象合乎逻辑的想象。这种心理现象又可分为两种,设想和推想。设想就是假设身临其境,从要表现对象的角度、地位和处境着想。比如科学家在研究麦穗的时候不需要将自己想象成风吹麦浪中摇摆的麦穗,而作为文学家来说,即使自己是一个活泼开朗的人,在塑造笔下的人物形象时,也会想象成具有多重人格精神濒临分裂状态的忧郁症潜伏者等诸如此类。而推想则是推测想象,是一种对形象的推测。狄德罗将这一现象解释为:"把一系列必然相关联的形象按照他们在自然中前后相连的顺序加入一个追忆的过程,就是根据事实进行推理。如果已知某种现象,但把一系列形象按照它们在自然中必然会前后联系的顺序加以追忆,就是根据假设进行推理。或者称为假想。你是哲学家还是诗人,那要看你最终所选择的目标是什么。

设想和推想虽然类似但也是有区别的。设想重在假设,是站在对方的角度进行合理想象。而推想重在推测,包括幻测、实测等。无论是哪种形式都不是"天马行空"似的胡思乱想,而是以艺术形象的内在逻辑的规律性为依据的,是存在于想象中的形象推理过程。

关于夸张的手法,是对形象的扩大、突出强调的想象,也包括奇思妙想在内,它是指对生活中的某种事物或生活现象引起的非同一般的想象。书法家柳公权博览群书,才华出众,出口成章,对答如流。一次陪文宗到未央宫,轿车刚停,文宗就令他以数十言颂之。公权一视,出口成章,左右逢源,言辞优美,众人无不惊叹。文宗又笑着说:"卿再吟诗三首,称颂太平。"公权毫无难色,慢步高歌,七步三首,文宗感叹地说:"曹子建七步成诗,卿七步诗三首,真乃奇才也。"

所以,审美幻想就这样在艺术创作中发挥着举足轻重的作用。

第六章 什么干扰了你的美感

为艺术而感动

维米尔是荷兰著名的风俗画家。代表作有《倒牛奶的妇女》、《包头帕的少女》、《做花边的女子》和《画家和他的画室》等。其作品多以市民、家庭女主人为主角,描绘其日常的生活细节,却不流于枯燥,并富生活的趣味。维米尔运用色彩时喜用蓝、黄色调;其作品构图,多注重几何形状,且不愿在细节上面有意刻画,给人以浑然天成之感,作品多以简洁、精炼、朴实亦或凝重见长。因其善于表达物态平凡朴实之美,故世人赞其为"描绘宁静生活的诗人"、"描绘光影变化的卓越大师"。

《倒牛奶的妇女》,是维米尔作品中极为朴素、静谧的一幅绘画,虽然画作极为朴实,似乎毫无新意,但依然能够深深地吸引住观赏者的目光。这幅画,描绘了一位健壮的女佣人,她只是一位朴实的村妇,她塞起围裙的一角,正忙着准备早餐;左边墙角有一扇窗户,光线从窗外射了进来;一边挂着一只藤篮和一盏灯,显得极为简朴;桌面上杂乱地摆着一些食物,并不带有半点刻意的样子。从这些描绘中,人们往往可以体会到一种宁静之美和平凡的可爱,并为之而感动。不仅是维米尔的作品,生活中还有很多艺术品都能让人们为之而产生各种各样感动的情绪。人们为什么会感动呢?这些感动都来源于什么?

审美情感可以与生命体情感连接

维米尔用绘画感知人物内心,展现其生活的简朴情趣。而我们则通过维米尔的作品来感知这名女佣人的内心世界,都是运用审美情感来连接生命体。

所谓审美情感,是我们审美感官所感知的外在世界的人或物的特殊性质在头脑中加工的结果,它来自主题丰富的想象力,一般不具备直接的现实性。主体所感知的审美情感并不立刻在行为上表现出来,同日常情感不同的是,审美情感易于用理智所控制,因此,审美主体通常能从审美情感中分离出来以理性的眼光来审视对象,并再度体验对象所给予的情感享受。

日常情感通常产生于对象的内容和形式两方面的感知,而审美情感有时可以直接由形式引发,这种由对象形式引发的审美情感称为形式情感。形式情感是超越主体形式本身后产生的情感。比如中国传统的戏曲表演,在绚丽浓彩的妆容下演绎舞台人生,

它的这种表演形式和各种武打招式都是源于对现实生活动作的高度模仿和抽象化的结果。既可以满足观众的审美需求，同时也满足了其审美情感。

形式情感的获得往往需要理智的参与，它所具有的情感一般都是通过间接感知的。主体只有暂时抛开眼前的形式因素才能进入这种形式所蕴含的审美情感。比如红色代表激情和热烈，蓝色代表平静和淡然，这些审美情感都是间接获得的。而更多的形式情感则是在形式的运动方式和审美主体的生命运动相结合下才产生的。从这个意义上来说，形式情感是作为具有感知能力的生命与可以感知观察并理解到的生命之间所产生的情感。比如一张丝状网络的团状图片，初看以为是一张雪花状的艺术图片，而实际上它是一张经过电脑放大后的关于蛋白质真相的照片。

从这张"形式"照片到对生命崇敬的情感升华过程中，使我们感知到生命的形态竟然如此接近。苏珊·朗格曾经把生命形式的基本特征概括为有机统一性，是具有运动性、节奏性和生长性的，并由此探索出艺术形式与人类情感之间的同构关系。

审美情感是意象新综合的原动力

文艺作品都必须具有完整性，它是旧有经验的新综合，只有在此基础上，精彩才会得以体现。在没有经过意象整合之前，意象均是零散杂乱的；而在综合之后，意象则是和谐的整体，这种综合的原动力就是情感。那么，既然情感是综合的要素所为，则许多不相关联的意象如果能在情感上进行协调，便可以形成完整的统一体。比如李太白的《长相思》两句：相思黄叶落，白露点青苔。

秦少游的《踏莎行》前阕：

雾失楼台，月迷津渡，桃源望断无寻处。

可堪孤馆闭春寒，杜鹃声里斜阳暮。

这些字句所透露出来的意象都是物景，诗句的本意都是在论人事，但是二者并不显得突兀，正是由于他们在情感上是和谐的。比如"曲终人不见，江上数峰青"一句，原本两者不相关联，但是这两个意象传达出来的是一种凄冷幽静的情感，它们是可以调和的。如果两者从诗句上分离，有前者而无后者，或者只有后者而无前者，那么情感上的韵味便荡然无存了。

所以，艺术在于创造意象，而意象必定是受情感的饱和滋养，情感或出于己或出于人，诗人需要以旁观者的姿态审视，而对于出于人来说则需要设身处地去感知。情感最容易感知，所以诗可以传情。

审美情感与理智是相通的

理智与美感也存在着相通的部分。从科学的角度来说，科学研究中产生的快感通常有三种，一种是超乎常人智力的快感和理想的满足感。这也是科学家进行研究的激情和热量，或者解决疑难所带来的快感。一种是灵感的突然闪现带来的快感。另一种则

是科学家感受到自然的和谐，感受到宇宙的美所产生的愉悦。这样，理智也可以转化为美感，二者不断交融和升华。但是，理智与情感也是有差别的，科学认知是以概念为中介的逻辑推理，是抽象的结构形式，而审美认知是以情感为中介的情感判断，是一种玩味的体验。科学认知最后要从感性认识上升到理性认识，最终要舍去感性、情感的成分，而审美认知则始终同情感相随，不需突破感性形式，在感性形式中就可直观到深刻的理性内容。比如，数学的推理过程是直达真理的必经阶段，是在理性行为的驱动下，但阅读一本名家著作则是一种性情的陶冶、美的享受，同样也是对生命本质的探讨过程。

痛快淋漓，激烈而短暂

米芾，北宋书法家，世称"米襄阳"，被徽宗赵佶召为书画学博士，官至礼部员外郎，人称"米南宫"。其书体潇散奔放，又严于法度。相传，他爱古好奇，常穿唐代服装在大街上四处走；又喜爱石头，看到奇石就下拜，呼之为"兄"，因其举止狂放或疯癫，故世称"米癫"。

米芾书法成就最大者是行书和草书。他能博取前人所长，用笔俊迈豪放，自谓"刷字"，意谓"运笔迅速而劲挺"，世有"风樯阵马、沉着痛快"之评。他曾自述云："善书者只有一笔，我独有八面。"后人称赏他为"八面出锋"。

他的书法作品，大至诗帖，小至尺牍、题跋都具有"痛快淋漓、歌纵变幻、雄健清新"的特点。

米芾的那种对石头和书法的癫狂状态，都是具有丰富审美激情的体现。而其书法之所以能给人们酣畅淋漓的感觉也正是因为其书法作品中包含着激情。那么，什么是审美激情呢？

审美激情产生时是创作的最佳时刻

审美激情是人情感最高度、最充分、最强烈的表现，是一种强烈而且具有突发性的情感或情绪。它具有强大的震动性，能在瞬间爆发出巨大的情感能量。如果说审美心境是一种持续性的笼罩整个心灵的情感或情绪状态的话，那么审美激情则是迅猛勃发、激烈而短暂的审美情绪体验过程。这种情绪就像狂风暴雨突然来袭，覆盖整个人的情绪状态。审美激情的产生必须要有审美对象的强烈刺激，在这种刺激下，人的大脑皮层发生重大变化，神经兴奋迅速传遍皮层中枢，引起身体器官的巨变，心跳加快，呼吸急促、肌肉紧张、注意力高度集中——忘我、忘他、忘乎所以，显示出各种表情动作，如愤怒、悲恸、狂欢等。当处于这种状态下，人们通常会做出难以预料的决定和举动，人的认识因此而变得狭窄，仅依附于以往的经验，但这种激情状态持续的时间往往比较短暂。

对于创作者来说，审美激情是审美欣赏和创作的动力。当激情到来的时候，其忘我状态正是创作的最佳时刻。艺术家一旦进

入这种状态,仿佛有神灵附体,暗中驱使他的手腕,此时的作品情感饱满,富有很强的感染力。比如曹禺创作《日出》时感情激动得令人害怕,他摔碎了许多可纪念的东西,像一只负伤的野兽扑在地上,啃着咸丝丝的涩口的土壤。果戈理激情爆发时,会忘形地在街道上跳起舞来,一把小阳伞在空中舞出许多花样,最后只剩下了伞柄……他们专注的只有自己的创作对象,将自己的意志、情感、灵魂都倾注于这个对象上,甚至,他就是那个形象。这种"物化"的现象就是审美激情最显著的表现形态。

我国清代著名画家傅山还有这样一则轶闻:傅山最擅长画墨竹。有一次,他应老友的请求画一幅"墨竹"。画画之前,他先喝了一阵酒,直到喝到三分醉意时,就让屋内所有的人退下。他的老友觉得奇怪,就躲在房屋外偷看。一开始老友只见傅山闭目静思,然后站起来,走到早已准备好笔纸墨砚的画桌前,提笔在纸上乱画一通,然后好像在想什么,站在那儿发呆;突然傅山手舞足蹈,摇头晃脑,像疯子一样又是比划,又是哭笑,还围着画桌跑。老友于是大惊,以为他中了什么邪,便破门而入,一把抱住傅山的腰,试图让傅山平静下来。不料,傅山猛地回过头来,叹了一口气,说:"完了完了,你败了我难得的画兴!"说完就把画笔扔在地上,将画纸揉成一团扔在地上,气冲冲地走开了。

其实,艺术家最珍惜和祈求的,就是这种难得的、忘我的创作状态。正如古希腊哲学家德谟克利特说的:"诗人只有处在一种感情极度狂热或激动的特殊精神状态下才会有成功的作品。"

我们也可以用一个很浅显的事实来说明，当我们初习字的时候，每天都会感觉有进步，但一段时间过后突然会感觉停滞不前，字也没有任何起色。无奈，只好先搁置一旁，而再过一段时间，猛然发觉又有进步，如此反复，字才写得好。同理，学别的技艺也是如此。但这是什么道理呢？因为在意识中思考的东西应该让它在意识中酝酿一段时间，等待时机成熟，这种顿悟忘我的状态才会似灵光闪现，让人产生激情。

艺术创作需要审美激情

中国有一句俗语曰："愤怒出诗人"，意思是艺术创作需要激情。艺术创作需要激情，一个对周围一切尽显冷漠无情的人绝不会成为美的创造者。郭沫若写《地球，我的母亲》这首诗时，他激情蓬勃。近似发狂，竟赤着脚在图书馆的石子路上踱来踱去，又索性倒在路上，想跟地球母亲亲昵，去感受她的皮肤，感受她的拥抱。浪漫主义艺术家一般都属于激情型，如屈原、李白、李贺、汤显祖、莎士比亚、华兹华斯、拜伦、雪莱等。其他风格的艺术家中也不乏有充满激情的人。

凡高是一个旅居法国的荷兰画家，他具有强烈的个性和坎坷的人生经历，一生都在贫穷中挣扎。凡高全部杰出的、富有独创性的作品，都是在他生命最后的六年中完成的。他最初的作品，情调常是低沉的，可是后来，他大量的作品一变低沉而为响亮和明朗，好像要用欢快的歌声来慰藉人世的苦难，以表达他强烈的理想和希望。在他的画中，总是充满色彩和笔触的狂欢。他的艺术语言既有奔放而热烈的狂放情绪，也有孤独和抑郁的悲剧意识。他特别强调在绘画中表现人的感情和精神，他对色彩和线条有内在的敏悟。色彩充满着紧张而激动的情绪和饱满而富有生命的活力。这种画面所造成的气氛效果，表现出一种罕见的旺盛的生命力。

托尔斯泰曾经说过："我们的创作没有激情是不成的……"正是因为这些激情，才使得每一件艺术作品拥有着独一无二、无可复制的灵魂。

审美激情需要有审美对象的强烈刺激

审美激情需要有审美对象的强烈刺激。比如精彩激烈的歌唱比赛、舞蹈比赛，激情的演讲会、联谊会都有可能产生审美激情。审美激情可以宣泄自己的情感，获得强烈的审美感受和审美印象。司马迁因李陵之祸而受宫刑，因而发愤著书，遂有《史记》。少年歌德爱上一个已经许了人的女子，他因爱情不能实现而悲痛欲绝，后来听到一个叫耶路撒冷的少年因苦恋朋友的妻子而自杀，火热的感情再也压抑不住，因而有小说《少年维特之烦恼》的诞生。

唐代诗歌在中国文学史上占有特殊的地位，在那个时代，唐代诗坛有一种特别的趋势，就是倾向于描写战争文学，相比其他朝代尤为多。如在西汉中世，贵族化的古典辞赋很发达，在北宋，描写儿女柔情的小词比较发达。而在唐代则不同，初唐的诗人满怀壮志，想要立功塞外，充满了悲壮气氛。中唐诗人慷慨激烈，颂扬战争胜利，反对战争，祈求和平。如被称为反战诗人的杜少陵，也有"男儿生世间，及北当封侯，战伐有功业，焉能守旧邱！""拔剑击大荒，日收胡马群，誓开玄冥北，持以奉吾君！"唐代诗人的这种民族自信力引发的审美激情就是这样从诗里面自然流露出来。

而到了盛唐，国家对外战争不断，社会动荡不安，也为"安史之乱"埋下隐患。那个时期的诗人面对外忧内患，一方面诅咒内战，如杜少陵的《石壕吏》《彭衙行》等诗篇，充满了厌战情绪和体恤民情的意味。另一方面却留存"匈奴未灭，何以为家"的壮志。王昌龄的"黄沙百战穿金甲，不破楼兰终不还"是为代表，而这一时期诗人声名鹊起，如大诗人杜少陵、李太白、王摩诘，其余如岑参、王昌龄、王之涣等。唐代的诗歌到此时已经达到全盛时期。这里单提杜少陵，他是一个反战诗人，他身经"安史之乱"，弟妹失散、父子相隔，尝尽了战争的痛苦，所以在他的诗歌里表现出极强的反战思想。而他的民族意识也非常强烈，"中原有斗争，况在狄与戎！"充分反映出他是一个爱国诗人，怀着强烈的爱国激情。

总之，如果没有家国战争的刺激，相信唐代的诗坛也不会倾向于战争文学这一趋势，也不会因此造就那么多爱国诗人和充满爱国激情的诗作。所以，没有审美对象的强烈刺激是不会产生强烈的审美激情从而也不会有这么多好的艺术作品诞生的。

我爱竹石，竹石亦爱我也

古代文人由于审美情趣、生活境遇、处世观点不同，表现出对花草树木等的各种偏爱。比如陶渊明爱菊，周敦颐爱莲，梅妻鹤子的林和靖等，早已成为文坛佳话。他们甚至爱得痴迷，郑板桥爱竹就达到了痴迷的境界，他几乎把竹当作生活中不可缺少的朋友。在《板桥题画竹石》中有这样一段生动的描写："十笏茅斋，一方天井，修竹数竿，石笋数尺，其地无多，其费亦无多也。而风中雨中有声，日中月中有影，诗中酒中有情，闲中闷中有伴，非唯我爱竹石，即竹石亦爱我也……"从中我们可以看出，郑板桥不仅借竹抒情，托竹言志，日子久了还感觉不仅是自己喜爱竹石，竹石也是爱着他的。为什么会出现这样的现象呢？

审美移情是一种审美享受

郑板桥把自己爱竹石的情感移植在竹石上，认为竹石也具有爱他的情感，这就是审美移情现象。自古以来，文人骚客在诗歌创作中往往赋予自然景物以人的行动性格，生命及思想感情，使自然景物反映出人和社会生活的美。美学家朱光潜用"移情说"来观照中国古代的诗歌时写道，"自己在欢喜时，大地山河都在扬眉带笑；自己在悲伤时，风云花鸟都在叹气凝愁。惜别时蜡烛可以垂泪，兴到时青山亦觉点头。柳絮有时'轻狂'，晚峰有时'清苦'"。审美移情是审美欣赏、审美创造中经常遇到的现象，也是

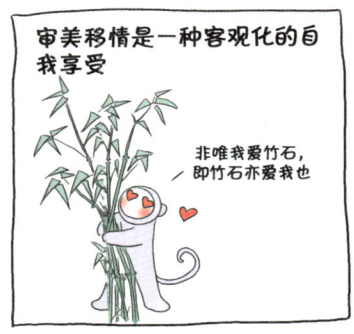

审美活动的无穷魅力所在。

移情这个术语被广泛应用于精神分析学领域和美学领域,移情从心理学角度来说,它是居于外射作用的一类心理活动。所谓的感情外射作用,指的是人们在审美活动和审美艺术思维中,有意识或者无意识地将属于人的知、情、意移入客观的自然景象或者其他审美意象当中,使本身没有情感和直觉的审美对象,在审美主体的情感作用下,仿佛也具有了人的感觉、情感和意志,等等,达到"你中有物、物中有我、物我同一"的现象。在美学中就称为审美移情。

审美移情是客观存在的心理现象。早在古时就已经有人发现,所谓"登山则情满于山,观海则意溢于海"(刘勰),"情与境会"(袁宏道),"景以情合,情以景生"(王夫之)等,就是对这种移情作用的形象概括。

在审美和艺术创作中,移情现象是屡见不鲜的,如"羁鸟恋旧林,池鱼思故渊","春蚕到死丝方尽,蜡炬成灰泪始干","云想衣裳花想容"等等,都是移情作用的形象体现。描述审美移情这种体验特点的最简单的话语是:审美享受是一种客观化的自我享受。审美享受就是在一个与自我不同的感性对象中玩味自我本身,即把自我移入对象中去。"我"移入对象中去的东西,从整体来看就是生命,而生命就是力量、内心活动、外在的努力和成功,用一句话来表明:生命就是活动,这种活动就是我在其中体验到的某种损耗力量的东西,这种活动是一种意志活动,它是不停的

努力和追求。当以往的美学使用快感和痛感的概念时，里普斯只承认这两种只具有表达感受的价值。在这个意义上来说，我们所说的颜色深浅并不是指颜色本身的东西，而是对该颜色的一种感受，因此，决定性的东西与其说是感受的表达，不如说是感受本身。也就是说决定性的东西是一种内心互动、一种内在的生命体、一种内在的自我实现。

总之，审美移情是审美情感的一种特殊功能，是审美创造的一个重要环节。它说明了为什么会有"感时花溅泪，恨别鸟惊心"的诗句。如果人们能认识到美的这一本质和规律，那么在审美的过程中就能正确地看待那些"实际上看起来没道理却很美"的东西了。

审美移情是人以情观物、以人度物的产物

审美移情是人以情观物，以人度物的产物。在审美过程中，人的七情六欲都可以移植到眼前的景物中去。比如喜情、愁情、悲情、怒情、忧情等，都可以迁移于物。但是审美移情的产生是有条件的：

首先，审美主体必须有强烈、炽热的情感，并且把这种情感全部倾注到、融化于外物之中。如果无情，那么就会无情可迁移；如果感情不炽热，那么情感就会移之不动、不会投射出来；当然，如果审美主体只有情而不与外物交流，不以情度人、以情观物，不发生共鸣，那么情感就不会转注或投射到审美对象身上。

其次，审美主体的情与审美客体的物之间，必须有某种相似

性或关联性。比如"春蚕到死丝方尽,蜡烛成灰泪始干",这其中春蚕、蜡烛与人的情感的相似和关联之处在于:春蚕吐丝过程和人的情感眷恋,在"至死方休"这一点相似;而春蚕的"丝"和人的"思"谐音;蜡烛的热油和人的热泪具有关联性,都是有热度的液体。

王国维曾以西方哲学的理论思维来观照中国审美传统时提出了意境说,即所谓的"有我之境"和"无我之境"。也就是说,如果在审美过程中,审美主体和审美客体能够化为一体,即物我为一,如同庄周化蝶那样,审美移情则更是奇妙无比。

审美移情与美感经验是相关联的

移情作用和美感经验是密切相关的。移情作用不一定是美感经验,但是美感经验却常含有移情作用。在美感经验中不只是由我及物,同时也是由物及我的。不仅将人的性格和情感移注到物,同时也是把物的姿态尽收眼底。而美感经验就是在凝神的过程中,人的情趣和物的情趣不断重复流转而已。

从欣赏艺术的角度来说,比如听音乐,我们经常会感觉到曲调的快活和悲伤,但是曲调本身只有长短、轻重、缓急之分,而没有快乐与悲伤之分,也就是所奏曲调只有物理而不可能有人情,但为什么会有人情?这也是由于移情的作用。所谓移情的过程是这样的,音乐的命脉在于节奏,节奏就是长短、高低、轻重、缓急相互继承的关系。这些关系前后不同,听者所花费的心力也有

所不同，因此听者心中自然有一种节奏的律动同音乐的节奏相一致。听到高而缓的曲调，心理也会产生一种高而缓的活动，当听到低而急的曲调，心理也随之产生一种低而急的活动，这两种心理活动常常贯穿全部心境的始终，使它迎合这种高而缓、低而急的活动。于是在听者的心中就会感觉到抑或欢快抑或悲伤的情调。这种情调本来只属于听者，但是在凝神的过程中，将这种情调外射出去，音乐由此就有了快乐和悲伤的分别。

再比如书法艺术，它可以表达性格和情趣，字可以说是抒情的，不仅是抒情的，也是可以引起移情作用的。书法中的笔画原来只是墨的留痕，并无"姿态"、"神韵"、"灵动"之说，但是在评价书法家时却常常见到"姿态"、"神韵"、"灵动"等字样。我们说张旭的狂草"气势奔放、如锥划沙"，米芾的字"飘逸超迈，沉着痛快"。这都是把墨的留痕看成有生气有性格的东西，把字在心中所引发的意象移情到字的本身上面去了。

移情现象也可以称为"宇宙的人性化"，因为有移情的作用，使只具物象的事物充满人性，本来无生命的东西变得灵活有生气。理性地说移情作用是一种错觉，但是如果把它从此勾销，那么艺术和宗教也就不存在了。艺术和宗教都是把宇宙人性化的事物。他们都带有若干神秘主义色彩，但所谓的神秘主义只不过是寻常事物中的不寻常而已，这个也是移情的作用。从一草一木中发乎人性同泛神主义中探究奥秘，深浅程度虽然不同，但道理其实是一样的。

感性遇见理性

美的外在到内在

苏舜钦字子美,豪放不羁,好饮酒。在外舅杜祁公家,每夕读书以饮一斗为率。公使人密觇之,闻子美读《汉书·张良传》,至"良与客狙击秦皇帝,误中副车",遽抚掌曰:"惜乎!不中!"遂满引一大杯。又读至"良曰:'始臣起下邳;与上会于留,此天以授陛下'"又抚案曰:"君臣相与,其难如此。"复举一大杯。公闻之大笑曰:"有如此下酒物,一斗不足多也。"这就是有名的"汉书下酒"的成语故事,这则故事告诉我们,一旦能够理解美好的事物,就是一种精神享受。它同时也告诉我们审美是需要理解的,美好的事物总能带给人美的享受,但这种美好的享受,并不是每个人都能够感受得到的。

审美理解第一步是外观认知

美的事物给人的第一印象都是美的,这就好像是美丽的风景,打眼一看就会让人心旷神怡;也好像一首动听的曲子,一入耳就会让人沉醉;或者是一幅漂亮的风景画,让人一看就觉得赏心悦目。这就是美好的事物给人的第一感觉,审美理解的第一步就是对事物的外观进行感知。如我们欣赏舞蹈《那一片芦荡》,我们感受的第一印象就是在那一片芦荡中,大雾弥漫,烟水茫茫,青青的芦苇随风儿摇曳,白白的芦花随风儿轻扬。芦荡给人扑朔迷离、莽莽苍苍的感觉,紧接着是芦苇的花叶变成无数的阿庆嫂,守护在抗日伤病员战士的身旁。这就是整个舞蹈给我们的感觉。这只是完成了审美理解的第一步,有了这第一步,才有对事物的深层认知。

美好的事物总是在感官上给人最好的感受,这就像我们在欣赏一尊雕塑时,我们看到的首先是雕塑优美的线条和逼真的形态。在看到《掷铁饼者》时,我们就会沉醉在他优美的动作里面;在读唐诗或者宋词时,我们会沉醉在它们充满音乐感的节奏里。这就是审美对象的外在美,它是审美理解的第一步,有了这一步,才能进行更深刻的审美理解。

审美理解是重在底蕴的认知

艺术是开放性的,它生成于一个时期,但是它的美不仅仅在那个时期被认知,它可以超越这个时代而成为被以后时代所理解的对象。它的意义是无限的,随着时代的发展而会显示出所蕴含意义的新的方面。出现这种现象的主要原因是美丽的事物是有底蕴的,这也是审美所要尽力达到的目标。审美理解需要的不是一种对艺术的复制态度,而是体现一种再创性的态度。审美理解不应只停留在审美对象的表面,而应该追求审美对象的底蕴,也就是审美对象的精神实质。例如我们欣赏李煜的《虞美人》:春花秋月何时了,往事知多少!小楼昨夜又东风,故国不堪回首月明中!雕栏玉砌应犹在,只是朱颜改。问君能有几多愁?恰似一江春水向东流!

我们对这首词的认知不应仅仅体现在这首词用词美、节奏美,而应该通过这首词的表面现象深深体会作者写这首词的深刻内涵,它不是李煜毫无情感的文字堆积,而是李煜情感的再现,他就是想通过这首词来表达亡国的忧愁情感,这就是这首词的底蕴所在。

审美理解重在对审美对象的底蕴进行欣赏,这就要求我们不要仅仅停留在审美对象的外观之上,而应该对审美对象进行深刻的分析,否则就不能真正理解事物的美之所在。在《红楼梦》中有香菱品诗这么一段故事。

香菱笑道:"我看他《塞上》一首,内一联云,'大漠孤烟直,长河落日圆。'想来烟如何直?日自然是圆的。这'直'字似无理,'圆'字似太俗。合上书一想,倒像是见了这景的。要说再找两个字换这两个,竟再找不出两个字来。再还有'日落江湖白,潮

来天地青'，这'白''青'两个字，也似无理。想来必得这两个字才形容的尽；念在嘴里，倒像有几千斤重的一个橄榄似的。还有'渡头余落日，墟里上孤烟'，这'余'字合'上'字，难为他怎么想来！我们那年上京来，那日下晚便挽住船，岸上又没有人，只有几棵树，远远的几家人做晚饭，那个烟竟是青碧连云。谁知我昨儿晚上看了这两句，倒像我又到了那个地方去了。"

通过香菱品诗我们可以发现，审美理解不应只有停留在事物的表面现象，而应该深入事物的实质，否则直就是直，圆就是圆；白就是白，青就是青。再也感觉不到其他的韵味，那么美的感觉就大大减淡了。

审美理解的最高境界是情感理解

每一件艺术品都是创作者情感的凝结，艺术品因为聚集了作者的思想情感，所以才会呈现出各种各样的美来。审美理解的第一步是外观认知，第二步是对事物的底蕴认知，审美理解的最高境界是情感理解。所以，在欣赏艺术品时，不要运用逻辑思维，而要运用形象思维，这样才能深刻理解创作者要表现的美和美的真正内涵。孔子听韶乐三月不知肉味的故事不仅仅是因为韶乐给他带来了审美愉悦，还在于孔子能深刻理解韶乐所要表达的情感。只有做到对事物进行情感理解，审美才算真正的得以完成。

在欣赏一种艺术时，最重要的是要理解创作者的思想情感，比如，要读诗词，就要明白作者借诗词表达了什么样的思想感情；

欣赏音乐，要知道音乐流动的是乐曲创造者的思想情感；观赏山水画，要知道作者是在寄情山水。完成了对创作者思想感情的认知，整个欣赏过程才算圆满地完成。

审美渐悟

"书读百遍，其义自现"讲的是熟读一本书之后，自然会领会其中的道理。这是一种通过精读以促进独立思考的学习方法，也体现了人的学习是一个渐悟的过程。唐朝著名画家阎立本在学习绘画时就是通过这样一个渐悟的过程才得大成。

阎立本是唐高宗统治时期有名的画家，他最擅长画人物、车马、台阁。尤其擅长人物画，他刻画的人物生动逼真，气韵生动，能让观赏者从画中看出人物的性格特点。阎立本的代表作是《历代帝王图卷》。阎立本之所以能够取得这么高的成就，是因为他勤于学习。一次，他听说在荆州的一座寺庙里，有梁代大画家张僧繇画的壁画，所以他专门去学习。第一天，阎立本感觉张僧繇画技平常，浪得虚名。第二天，阎立本又走进寺庙，他重新审视张僧繇的壁画，这次，阎立本的感觉比上次好了很多，他认为张僧繇应该称得上是一位好画家。第三天一大早，阎立本又来到寺庙，他对壁画的布局、着色、人物神态，进行了一番深入细致的观察体味，他突然发现这些壁画形态逼真，妙不可言。之后一连十几天，阎立本就住在了寺庙里，寸步都不舍得离开。自此以后，

阎立本潜心钻研绘画艺术,最终成长为中国美术史上的一名绘画大家。

从阎立本的身上我们可以看出,审美是一个逐渐领悟的过程,阎立本发现张僧繇壁画美的过程,就是一个渐悟的理解过程。所以,渐悟是审美理解的一种重要手段,也是能够正确认识美的一种方式,审美渐悟本身也充满情趣,这也是审美渐悟能够得以进行的重要原因。那么,何为审美渐悟呢?

审美渐悟是审美的一种形式

"渐悟"和"顿悟"本是佛教用语。慧远在《维摩义记》卷一中指出:"菩萨藏中,所教亦二,一是渐入,二是顿悟。言渐入者,是人过去曾习大法,中退住小,后还入大。大从小来,谓之为渐"。"言顿悟者,有诸众生,久习大乘,相应善根,今始见佛,即能入大。大不由小,目之谓顿。"所谓"渐悟",是指长期修行才能取得佛性,主张日积月累、由浅而深的常规之道;所谓"顿悟",是指无须长期修行的一种顷刻间对永恒佛性的领悟。而审美渐悟是指对审美对象进行由表及里、由浅入深的认识过程,许多艺术品,往往具有丰富的意蕴、深刻的内涵、比较高超的绘画技法,人们要深刻认识这种艺术品,往往需要一个长期的由浅入深的认识过程。诗歌和绘画等艺术都需要审美渐悟,这样才能深刻理解作者要表达的意思。作为要学习艺术的人同样如此,只有对艺术进行深入的学习,才能逐渐摸到学习艺术的门道,如此才能逐渐

在艺术学习中有所建树。因为艺术需要慢慢咀嚼，反复思考，方能由表及里、由浅入深。渐悟静坐参禅，经过内心空灵状态下长时间的思考而领悟，就像当年佛祖释迦牟尼也是在菩提树下参禅而渐悟佛理真谛。

齐白石老人木匠出身，但却依靠着自己对艺术的思考，逐步成长为20世纪家喻户晓的中国花鸟画大家。齐白石老人的成功，就是依靠审美渐悟，他选择日常用品和普通的生活场景作为自己的审美对象，平中见奇，以小见大。齐白石之所以能够成功，就是因为能从平常的事物中感受到美，这种感受的过程就是审美渐悟的过程。一旦完成了对审美的渐悟，即会在艺术上得到质的提升。不止是绘画如此，作诗同样是如此，作诗也要经历由浅入深，由表面到本质的过程，所以在理解诗歌时，要从诗歌的语言、韵律、写作技法入手，然后去理解诗作的底蕴，最后再理解作者的思想感情，完成了这三步，对诗作的正确理解才算完成。

所有对艺术的理解基本上都要经历渐悟的过程，因为只有完成对艺术表象的认知，才能做到认知艺术的深层含义，这个由表及里、由浅入深的过程就是艺术得到升华的过程。审美渐悟源于对艺术的正确认知，是对认识事物客观规律的正确把握。

渐悟过程充满审美情趣

审美渐悟的过程是充满情趣的，因为在渐悟的过程中，可以通过不断的想象，不断地纠正自己的认识，逐步发现事物的有趣之处，有的时候还会在渐悟的过程当中恍然大悟，那种感觉就好像"久旱逢甘霖，他乡遇故知"，或者是醍醐灌顶，这种精神上的愉悦是无法用言语形容的。例如品味唐人朱庆余的《近试上张水部》："洞房昨夜停红烛，待晓堂前拜舅姑。妆罢低声问夫婿，画眉深浅入时无？"在这首诗中，作者描绘的是一个新婚娘子在第二天精心打扮后，羞怯地征求丈夫意见的场景，在对这首诗进行鉴赏时，可以形象地感受到新婚娘子害羞的模样，整个场景充满生活情趣，能在鉴赏的时候深深感受到这种情绪，不免让人心生愉悦。但是审美理解没有到此结束，这只是这首诗表面上要体现的意思，作为鉴赏者还要理解这首诗的深层情感，此时若发现这首诗的题目是《近试上张水部》，就会立刻顿悟，这首诗的主要目的不是为了表达娇羞的状态，作者的目的也不是为了表达具有生活情趣的生活场景，而是借这首诗来找张水部打听一下主考官是否欣赏自己的诗文，读到这里，就会恍然大悟，有种豁然开朗的感觉。到这里，审美理解才算是真正的完成。

审美理解渐悟的过程是充满情趣的，因为渐悟的过程是逐渐发现美的过程，逐渐解决问题的过程，也是逐渐向创作者的灵魂靠近的过程。所以说审美理解的美不仅仅美在最终发现美的结果，还在于在审美的过程中发现美的存在。

丰富的美感

李商隐的诗以朦胧的诗意闻名,特别是他的《锦瑟》更是朦胧难解:

锦瑟无端五十弦,一弦一柱思华年。
庄生晓梦迷蝴蝶,望帝春心托杜鹃。
沧海月明珠有泪,蓝田日暖玉生烟。
此情可待成追忆,只是当时已惘然。

关于这首诗的创作意旨历来众说纷纭,莫衷一是。有的人认为是在表达爱国之情;有的人说是在向一个名叫锦瑟的女子寄情示爱;有的人认为是在悼念追怀亡妻;有的说是写乐器锦瑟的咏物诗;有的人认为是作者在自伤身世;还有人认为这首诗是在抒写思念儿子之情。为什么对于同一首诗,会有这么多的理解方式呢?

事物的底蕴和内涵决定审美理解的多义性

人们之所以对同一首诗有诸多理解主要是因为审美理解具有多义性。所以,在面对同一个事物时,有的人会认为是这样,但是其他的人可能会认为是那样。造成这一现象的主要原因是审美对象具有深刻的底蕴和丰富的内涵。由于审美对象具有深刻的底蕴和丰富的内涵,所以不同的人在对待相同的审美对象时会产生不同的想法。

比如音乐。音乐的美学特征之一就是审美理解的多义性。因为音乐没有视觉性,所以很难具体地描写或表现人物、事件的社会生活背景、外部特征、事变原因等,这就决定在音乐创作和欣赏的过程中,应该充分考虑到这份多义性,这样才能正确理解音乐的灵魂。在听到《我的太阳》这首曲子时,不要因为别人认为这是一首情歌而好奇,也不要去试图争论什么。当别人说这是一首爱国歌曲时也不要表示愤慨,因为音乐具有丰富的内涵,不同的人会对同一首乐曲产生不同的想法,这是非常正常的事情。

除了音乐之外,绘画也是具有多义性的艺术形式,达·芬奇的代表作《蒙娜丽莎》塑造了资本主义上升时期一位城市有产阶级的妇女形象。最值得人回味的是画中蒙娜丽莎的笑容,这一微笑历来被称作是"神秘的微笑"。五百年来,关于《蒙娜丽莎》神秘的微笑一直是众说纷纭。有的人认为蒙娜丽莎笑得很舒畅,很温柔;有人却认为她的微笑显得严肃;有人觉得蒙娜丽莎的微笑略含哀伤;有的人认为蒙娜丽莎的微笑是一种讥嘲和揶揄。法国里昂的脑外科专家让·雅克·孔代特博士认为蒙娜丽莎的微笑源于中风,理由是蒙娜丽莎半个脸的肌肉是松弛的;美国马里兰州的约瑟夫·鲍考夫斯基博士认为:"蒙娜丽莎压根就没笑,她的面部表情很典型地说明她想掩饰自己没长门牙。"英国医生肯尼思·基友博士认为蒙娜丽莎微笑是因为怀孕了,理由是蒙娜丽莎皮肤鲜嫩,双手交叉着放在腹部。为了能够真正理解蒙娜丽莎

微笑的含义，荷兰阿姆斯特丹的一所大学应用"情感识别软件"分析出蒙娜丽莎的微笑包含的内容及比例：其中高兴占83%，厌恶占9%，恐惧占6%，愤怒占2%。对于同一幅画为什么会有如此多的理解，这主要是因为《蒙娜丽莎》底蕴的深刻性和内涵的丰富性。这种丰富性和深刻性使不同的人对这个神秘的微笑产生了自我的想法。

感性认知促使审美理解多义性的产生

审美活动是感性认知的过程，在审美的过程中始终夹杂着个人的感情，不同人的感情丰富程度是不相同的，不同的人会根据自己的需要对审美对象进行感知、联想、想象。这种感性必然会诞生审美理解的多义性。所以，在对艺术品进行感知时，难免会有不同的看法。

1855年7月4日，惠特曼把自己写的诗歌编成一个集子，取名《草叶集》。惠特曼的作品用浪漫主义手法热情歌颂了祖国和勤劳的人民。在诗歌形式上，惠特曼打破诗歌格律，采用直白的口语，创造出新的自由诗体。《草叶集》面世时受到冷遇，很多人表示难以接受。许多评论家对惠特曼冷嘲热讽，告诉他这是毫无意义的语言堆积，很多人还辱骂他，把他的诗集扔掉。但是惠特曼没有放弃，他把自己的诗集送给了当时有名的作家爱默生。爱默生热情赞扬他的诗："如同伟大的力量能使我们幸福一样，我读了这诗集感到非常幸福。以前所谓诗的性质，一般过于在技巧上着眼,而毒害甚大,它使西欧精神迟钝、卑贱,使自然贫乏化;为此我要求壮丽的东西,而这就是你的诗集所给予我的。"最后,《草叶集》取得了巨大的成功。

面对同一本诗集,为什么爱默生的观点和大众的观点有那么大的差别?这主要是因为不同的人对审美对象的感性认知是不同的,如果审美对象符合审美者的主观情感,他就会运用正面的联想、融入积极的思想情感。反之,就会对审美对象产生对抗心理,甚至是厌恶。

感性认知是促使审美理解的多义性产生的重要条件,审美的主体是人,人的性格千差万别,人的情感也不尽相同,而审美活动又是完全个人的活动,所以,审美理解产生的结果会因人而异。面对这种情况,要以科学的、大众的观点为导向,不能钻牛角尖、走极端,这样会走上错误的审美道路。

艺术的追求在于神似

1831年的一天,德国的希勒、匈牙利的李斯特和波兰的肖邦去贵妇人伍定斯基家里做客,他们都是当时有名的音乐家。在交谈正浓时,伍定斯基提议说:"肖邦刚好完成了一首《波兰舞曲》,不如大家都到钢琴上来演奏一遍。"大家都同意她的建议。

希勒第一个坐在钢琴前,他用严谨纯熟的技巧来演奏《波兰舞曲》,他的演奏技巧和准确程度让人吃惊,除了这些,就再没

有别的了，完全感受不到音乐灵魂的所在。第二个坐到钢琴前的是李斯特，李斯特在弹奏这首曲子时，高度融入了自己的情感，他把同情、愤激、哭声、绝望的呼喊都充分地表达了出来。伍定斯基、李斯特和肖邦都流下了眼泪。

最后，肖邦坐到了钢琴前。他觉得李斯特对这首舞曲的解释是错误的。他要表达的是胜利的曙光，在开始前他喃喃地说："波兰还没有灭亡！"肖邦用阳光、幸福、和谐来诠释这首曲子。当时的四个人都沉浸在这种幸福之中，他们的确感觉到波兰还没有亡。

面对同一首曲子，不同的人有不同的弹奏方式，有不同的表达情感的方法。造成这种现象的原因是不同的人对事物的理解程度不同，也就是说审美理解具有层次性。审美的层次性主要有表层理解、深层理解两个方面。

表层理解是审美理解的第一步

在看到一件艺术品的第一眼，我们首先产生的就是对事物的表层理解，我们会从事物的外观、线条、颜色等可以看得见、摸得着的方面入手。基于这些方面的理解就是表层理解，表层理解不需要深入思考，只要能够把握住事物的外在就可以。但是表层理解往往是肤浅的，不能起到真实认识事物的效果。

颜真卿是唐代书法大家，他起初师从褚遂良，后又拜在张旭门下。颜真卿希望张旭教给他写字的窍门，可张旭给他的只有一些名家字帖，并简单介绍一下，就让颜真卿临摹。转眼几个月过

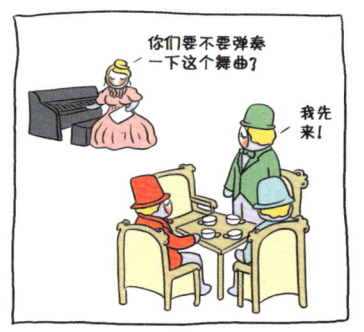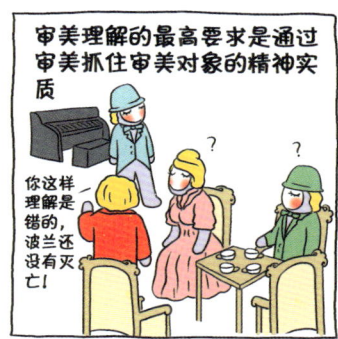

去了，颜真卿很是着急，决定向老师讨要秘诀。这天，颜真卿壮着胆子说："学生有一事相求，请老师传授书法秘诀。"张旭看了看颜真卿说："学习书法，一要'工学'，即勤学苦练；二要'领悟'，即从自然万象中接受启发。这些我早就告诉你了。"颜真卿以为老师不愿传授秘诀，就施礼恳求道："老师说的'工学''领悟'，这些道理我都明白，我现在需要的是老师的运笔技巧。"张旭没有责怪他，和颜悦色地说："我是见公主与担夫争路而察笔法之意，见公孙大娘舞剑而得落笔神韵，书法没有什么诀窍，除了苦练就是观察自然，不下苦功的人，是不会有成就的。"颜真卿对练书法的认知还停留在表层方面，他认为练习书法是有技巧的，是可以走捷径的。但是，他的这种认识是错误的，要想成为书法大家非得勤学苦练不可。

表层理解虽然不能抓住审美对象的本质，但它却是审美过程中不可缺少的部分，它是进行正确审美的第一步。有了这第一步，对事物的深层认知才有可能。如我们读到《题玉泉溪》："红树醉秋色，碧溪弹夜弦。佳期不可再，风雨杳如年。"我们首先可以理解到的是秋色、琴声、深夜这些基本的意象，感知这些意象有利于我们把握诗的情感，有利于我们进行深层认知。意象的凄切性表达的是作者凄凉的心情。由此，我们可以看出，表层理解是审美理解的第一步，走好第一步，审美才能完美地进行。

深层理解是审美理解的最高要求

表层理解固然重要，但它不是审美理解的最高要求，审美理解的最高要求是通过审美抓住审美对象的精神实质，也就是说要对审美进行深层理解。读李清照的《如梦令》："昨夜雨疏风骤，浓睡不消残酒。试问卷帘人，却道海棠依旧。知否？知否？应是绿肥红瘦。"我们不能仅仅停留在动人的旋律、优美的意境中不能自拔。我们所要做的是对这首漂亮的词进行深层理解，剖析作者在此寄托的情感。所以，能感受到作者在借词来表达自己对年华易逝的感慨才算审美基本成功。

艺术的追求在于神似而非形似，神似的东西引发人的思考，形似的东西没有创造性，让人一眼就能看透，不耐咀嚼。这就是说的庄子所谓的"大象无形"，表现在绘画上，则是虚处、空白处。这些地方是最能带给人想象的。表现在音乐上，则是"无声之乐"，"无声之乐"是最耐人回味的。也就是说艺术追求的是神似而非形似，艺术是艺术家自身意志的体现。对于雕塑家来说，塑像不是一刀一刀的模仿，而是根据自己的理解，把灵魂注入自己的作品之中。这样才能创造有生命的东西。李贽说："画不徒写形，正要形神在。"这就是说画画不能拘泥"形似"，因为"画贵神"。画画不是一笔一笔的涂抹，而是画出灵魂，有的时候大量的留白会带来神奇的效果。"诗贵韵"，所以，在作诗的时候，不要拘泥于诗的固定格式，要懂得表现诗的思想。

艺术品不应该仅仅停留在表现外在形象，艺术欣赏也不要仅仅停留在追求生活本身的"形似"。而是应该表现出生活乃至心灵的"神似"，努力追求"象外之象"，追求艺术品的韵味儿。这种追求神似而非形似的做法就促使审美者不能仅仅把目光停留在物体的表面，要善于对事物进行剖析。否则，就不能体会事物的神韵。

第八章 完美世界最简单的叙述方式

最简单的叙述方式

　　文字发明以前,原始人为了增加记忆,就在一条绳子上打结,用以记事。其结绳方法,据古书记载为:"事大,大结其绳;事小,小结其绳,之多少,随物众寡。"(《易九家言》)即根据事件的性质、规模或所涉数量的不同结系出不同的绳结,当人们看到这个结就会记起曾经的重大往事。民族学资料表明,这种绳子有时用来记载世系,记录家族内成员的情况,也就是所谓的结绳家谱。这种绳子又俗称"子孙绳"或"长命绳",绳上系有代表家族成员的小物件如五彩布条、小弓箭等。子孙绳平时不打开,而是装在"子孙娘娘"的布袋里供着。等妇女生小孩时,将布袋打开扯出子孙绳,悬挂在屋里。如果生的是男孩,则在子孙绳上系一个小弓箭、小筐、小篓什么的,意思是男孩长大成人之后,不忘祖上的武功;

如果生女孩，则在子孙绳上系上一条红布条，意思是表示吉祥如意，女孩子长大贤淑温柔。直到小孩满月之后，才能将子孙绳收起，重新装进布袋里，放回原处供奉起来，让其继续享受人间烟火。

所以人类最早就是用点与线来记事的，我们今天在绘制历史事件的线形图时，也会采用这种点线结合的方式。那么，可以说点线是人类最简单的叙述方式吗？为什么？

点线是形式美最基本的要素

在几何学中，点、线、面、体是主要研究对象。我们把点、线、面、体称为形状。其中点是一个最基础的单位，当点发生移动就会成为线，线的平面组合能构成面，在三维空间中则能构成立体形状。可见，在点、线、面、体四要素之中，点和线是最基本的，面和体是点和线的展开。

形状是重要的形式因素。形状美是形式美的重要内容。形状中最基本的是三角形、方形和圆。其中，三角形稳定于大地，并指向天空，能显示出稳定、庄重、崇高的美；正方形是大地的象征，显示出淳朴、威严之美；圆具有圆滑、运动、周而复始等美学意味，而圆顶是天的象征。所有这些基本的形状全部都来源于点线的组合，所以，点线的组合其实就是构成这个世界最基本的方式。我们自然也就学会了利用点线来进行表述，所以说点线是人类最简单的叙述方式。

点线是艺术美的主要构成基础

线条在绘画、雕塑、建筑、摄影都中具有主要作用，能够表现作者的精神和情志。

首先，以点线描绘形状是书法绘画的基础。

我国的国画是线条为主的艺术。南宋画家马远的一幅名作《水图》长卷，就是用流畅的线条勾勒出从溪流到湖海的十二种水波。画中的线条圆转，或放或收，把《寒塘清浅》、《洞庭风细》、《长江万顷》、《黄河逆流》等图景栩栩如生地展现在人们面前。我国的书法艺术也是线条的艺术。在书法中，线条的运动能够表示人的情志：喜则气和而字舒，怒则气粗而字险，哀则气郁而字敛，乐则气平而字丽。

此外，我国有一种绘画形式叫作白描，就是在一张白纸上用线条描绘出形状来。早期制作壁画的工匠为了让画面更加精美，所以要先用浅色的线条勾勒出一个形象然后再填上颜色。虽然这些用线条勾勒的形状只是绘画的底稿，但也是绘画成功与否的关键因素。事实上，我们眼中的世界，无论大小方圆，都能将其外部轮廓视为线条。因此在图形艺术中除了少数的绘画形式不用线条预先勾勒，大部分都要借助线条来确定形象。在西方所使用的素描方式在描绘基础形状的同时，还要注意物体表面的明暗变化，所以就要利用线条来表现阴暗的部分，以使形象更具立体感。而素描也是西方绘画的基础，可见线条是图形艺术最基础的表现形式。

其次,非图形艺术也以点线运用为基础。点线的运用不仅仅限于图形艺术上,更重要的是,点与线能进行结构布局,无论是现实的空间布局还是抽象的文学布局。在空间布局上,几乎所有的事物都可以看作点,小到一个苹果、一个人,大到一个城市和一个国家,就连我们住的星球可以看作点。当然,在点线布局中,线能确定点是否具有意义。尤其是同一空间代表不同事物的点线,只有当点与线相连时,才有实用性。比如,在一间办公室里,办公桌、电脑、坐椅、柜子等都可以看作点,这些点如果连起来就是线,而办公室中空余的地方则可以看作人行动的路线。由办公家具组合起来的点线布局,是否会影响到行动路线的流畅性,是办公室布局的关键。只有当行动路线能流畅地与各办公家具点相接触,才可能使办公室发挥最大的功能。这个点线规则在城市中也同样有用。

人们在对点与线的现实应用中发现点与线具有高度的概括作用。所以人们将点线的概念抽象了出来,创造了很多词,如兴趣点、工作站点、流水线、路线等。而在文学艺术中更将点线作为作品是否成功的重要标准之一。比如,文学中的点指众多人物和事件中的一个,这个点越典型越能代表整个群体,这就是文学作品中所谓的"以点带面"。文学中的线则是指线索、主题,线索、主题越少,就越容易被读者理解,过多线索则会使作品变得杂乱无章,很容易导致失败。

总之,点线不论是在形式上还是艺术上都是人们用来叙述内

涵的基础，所以可以说点线就是人类最简单的叙述方式。

嫩绿枝头红一点

北宋皇帝宋徽宗酷爱艺术，在位时将画家的地位提到中国历史上最高的位置，成立翰林书画院，即当时的宫廷画院。以画作为科举升官的一种考试方法，每年以诗词做题目，曾刺激出许多新的创意佳话。有一次，宋徽宗以"嫩绿枝头红一点，恼人春色不须多"的诗句作画题。许多前来应试的画者都以绿叶红花装点春色来表意，其中有的画绿草地上开一朵红花，有的画一片松林，树顶立一只丹顶鹤，但是宋徽宗看到这些画却很不满意，认为："这些全无诗意，毫无令人深思之处。"但是，这里面有两幅画被宋徽宗选中了。一幅画的是在高高翠楼上，一位少女凭栏而立，略有所思的样子。这幅画的美妙之处在于画者使少女那鲜红的唇脂在丛丛绿树的交映中显得特别鲜亮魅人，含蓄地表现出了动人的春色，表现出了"嫩绿枝头红一点，恼人春色不须多"的诗意。另一幅画的是万顷碧波中涌出一轮红日，构思新颖，气魄宏大，境界辽阔，独树一帜。这里的红点，给了人一种悠悠无尽的情思，成了艺术美的焦点，起着点睛破题的重要作用。

点具有鲜明的形式美特征

美学上"点"的含义是相对的、不确定的，区别于数学、几何或者音乐上的附点。这里所说的"点"并不一定小,也并不一定是圆形的,只是从审美的角度去看一些具有美的价值的装点之物,比如说繁星点点、帆影点点、伞花点点、灯光点点,包括落花、秋雨、柳絮,等等,这些点实际上并不小,也不一定是圆形。"点"是造型艺术中最小的单位,比起面和线来说是微不足道的,但是却不可小看,它具备丰富的美的个性,它对所处的位置及色彩的对比有着独特要求,受到形式美的规律的限制。比如姑娘脸上的雀斑并不美,但是唇角的美人痣却很美,因为它长在恰当的位置,有装点的作用。小女孩眉心的胭脂点,染红的指甲等都展示了人们对美的追求。女士的胸针、男士的领带都是作为点缀而存在的,作为点缀就不能喧宾夺主,主次不分和过于突兀都是禁忌。没有人认为满脸的胭脂点会很美,也没有人认为把整个手涂上红色很美,在这里"点"具有鲜明的形式美特征。

点具有装饰美的作用

点是美的,点可以装点或显示人的美,装饰或美化环境美。比如:结婚时新郎和新娘都要在胸前佩戴红花,这不仅是强调主体的问题,更能装点出一对新人的可爱;解放军战士军帽上的帽徽,不仅是一种身份的象征,更加点染了战士们的英武气概;我国人民逢年过节蒸的花糕等点心上也会点上红点,并不是为了味道更美,而是显示了喜庆、美观;小女孩总喜欢在指甲上涂漂亮的指甲油等都展示了人们对美的追求。

点不仅在那些具体形象上有美的装饰作用，在很多抽象的文学作品中，点也同样具有较高的审美价值。比如，夜幕中的流萤、星星、月亮、灯光、火把经常受到人们的赞美，使我们感受到"一点"之美。"银烛秋光冷画屏，轻罗小扇扑流萤"，这里的流萤是流动的点的轨迹；"夜深不知身何在，一灯引我到黄山"，刘白羽在此也按捺不住夜行中灯光一点带来的欣喜之情。文学艺术上的"点"常常是对美的聚焦，比如李清照的《声声慢》中描写秋雨的"梧桐更兼细雨，到黄昏，点点滴滴"；刘长卿的《湘中纪行十首·斑竹岩》中描写斑竹的"点点留残泪，枝枝寄此心"，这些都是描绘"点点"之景，创造出情景交融的意境，显示了"点"的美。国画中也讲究"苔点之法"，凡是山水画基本都少不了这一手法。微小的苔点对整幅画来说只是一种点缀，但是却能使画作充满气韵，也就是传统所说的"山水眼目"。苔点的多少浓淡都十分讲究，"浓墨巨点，元气淋漓，如经滇黔山麓间，觉雨气山岚，扑人眉宇"，苔点的美学价值由此可见一斑。

千万不要小觑了小小的"一点"之美，遵从形式美的规律，从审美的角度用"点"来装饰我们的生活，提高我们的艺术修养，体味自然的细微之处，寻找千差万别的"点"的美妙，兴许通灵之境的玄机就在这"一点"之中。

线条里的情绪

线条是可以用来表达情绪的，中国的书法就是一种能够通过线条表达情志的艺术。唐代大书法家颜真卿《祭侄稿》和《刘中使帖》，就寄托了他的思想情感。《祭侄稿》帖，是颜真卿追祭从侄季明的文章草稿。唐玄宗天宝十四载（755年）爆发安史之乱，当时任平原太守的颜真卿和他的从兄常山太守颜杲卿毅然起兵讨伐叛军。不久，常山被叛军攻陷，太原节度使拥兵不救，以致城破，杲卿父子被俘，先后遇害。唐肃宗乾元元年（758年），颜真卿到河北寻访杲卿一家的下落，得知他们全家死于战乱，仅得杲卿一足、季明头骨。颜真卿义愤填膺，乃作祭文，国恨家仇全倾注在笔端，一气呵成，满腔悲愤之情跃然纸上。

而《刘中使帖》，作于唐代宗大历十年（775年），又名《瀛洲帖》。当时颜真卿身在湖州，得知唐军在军事上获得胜利，非常高兴，于是欣然命笔。全帖共四十一字，字迹比他过去的行书要大得多，重笔浓墨，大幅写意；笔画苍迈矫健，纵横奔放，有龙腾虎跃之势；前段最后一个"耳"字独占一行，末画的一竖以渴笔皴擦，纵贯天地，洋溢着欣喜雀跃之情。

线条本身也有情绪

线条是组成形象的最为敏感的视觉符号，是人类表达情感和认知的最基本语言之一。而线条本身，在它没有表现具体对象的时候也有其抽象的情绪的。如直线使人产生坚硬、力量、坚毅、刚劲的感觉。而水平线，是大地之线，当物体处于与大地相连的水平状，就会给人一种宁静、平稳、坚实的感觉。所以，绘画中，表现"静"的境界，往往近景有一长长的水平线；中国宫殿、希腊神庙等坚实的建筑，都以水平线为主。垂直线则指向天空，表示升腾、挺拔和庄严。所以，凡是表示静穆严肃的画、建筑（如纪念碑），都以垂直线为主线。金字塔、宣礼塔、哥特式建筑以垂直线为主，体现了对天空的渴望。由线表示优美、柔和，给人一种变化的动感，起伏回荡，对人的视觉有一种奇妙的魅力，最能悦人眼目，使人感到一种节奏美和旋律美。斜线是一种不安静的线，使人产生恐慌。奔跑中的人，风浪里的船，狂风中的树，主要用斜线表达。

人们往往会对流畅有规律的线条产生好感

线条的研究有一定的历史，早在20世纪初期，有实验美学心理学家利用41种线条和形状采用选择法和配对法做过一个偏爱选择的实验，想通过人们对不同线条的喜好，来了解什么才是人们最感兴趣的线条和形状。在关于线条类别的喜好上，实验发现，人们最喜欢的形状为圆形，第二是直线，第三是波浪形，第四是椭圆形，最后是圆弧形。通过这个结果我们可以看出，流畅的、有规律的线条往往能引起人们的好感。

美学大师宗白华先生称，中国的艺术就是线的艺术。我们确实能在中国画中看到更多的线条，其中能引起愉快情绪的线条，无论用笔的浓淡、燥湿，往往都是非常流畅的，就连转角也没有过多的棱角。而那些有过多停顿的线条则给人焦灼、忧郁的感觉。

由此可见，线条有表现能力，能唤起人们的美感。虽然线条本身会给人带来不同的体验，但是人的心理也会让人对同一线条产生不同的看法。如同样一根斜线，如果把它看成一条垂直线时，人们就会感到肃穆；当把这条斜线看作一条向上的坡路时，则会产生欣喜之情。

人们往往凭借经验对线条作出情绪反应

虽然人们对线条表现出一定的偏好，但是这种喜好的选择并非固定的，因为个体之间是有差异的，有时候这种差异之大甚至让很多专家都很难解释。比如有不少人对直线的喜好超过了圆形，而有的人根本就不喜欢圆形，其理由是看圆形会让他们的眼睛一圈一圈地运动，这让他们感到不舒服。

有资料显示，人们对线条的喜好其实也很容易发生变化，尤其是对线条本身发生的变化非常敏感。比如：一根短的横线可能很难让人有喜欢的感觉，但当它被加粗后，可能就会引起关注。而当它被加粗到让人感觉它有高度时，它既可以被看作线，也可以被看作长方形，这容易让人对其感兴趣，甚至产生好感。如果继续将其加粗，它可能变成矮胖的矩形，而使人厌恶。但当它被

加粗成正方形时，又会引起人的好感。当它再次加粗，又会显得过于臃肿。直到它被加粗成细长的垂直长方形，它可能被看成一条足够粗的线条，此时人们会重新对其发生好感。而除了直线的粗细外，圆的大小变化、弧线的曲度变化、线的倾斜角度、波浪形的紧凑度、线的长短等，都会给人不同的感觉。

这种线条变化使人们产生不同感觉，其实是人们在对线条下定义。因为在人类社会发展的进程中，人们对线条的情绪定义已经约定俗成，比如人们早已经将垂直线定义为向上的力量，将曲线定义为流水般的柔顺，将立着的长方形定义为屹立不动的挺拔力量，将横着的长方形定义为伸展的自由，而粗线条则被定义为严肃、沉重，所以当人们看到它们时，首先会根据经验判断其定义，而作出情绪的反应。而当它们发生各种变化时，人们又会产生相应的不同的反应。所以，很多产品设计人员也因此非常注重各种线条、色块的运用，致力于通过它们来影响观看者的情绪。

受欢迎的圆形

生活中，我们可以发现圆形无处不在。如在马路上奔跑着的汽车的轮胎是圆的，汽车上的方向盘是圆的，还有马路上的交通灯也是圆的。另外，我们使用的好多东西也是圆的，比如，吃饭用的桌子、碗、盘子；洗脸用的盆、化妆用的镜子……这一切都源于人们对于圆的喜爱。虽然圆形缺乏方形的稳定性，加上其所占面积过大，使其无法成为主要家具的形状，但几乎所有的装饰品上，都有圆形的影子。

的确，据研究发现，无论老幼，绝大部分人对圆形有一种特殊的爱。尤其是婴幼儿，如幼儿在学画形状时，也大多最先学会画圆形；在一大群玩具中，他们大多会选择圆形玩具。实验美学家发现，综合所有的形状，最受欢迎的是圆形，只有一小部分人对直线的喜爱超过了对圆形的喜爱，但在对其他形状的喜欢程度上，他们也是更倾向于圆形。那么，圆形为什么如此受人们的青睐呢？

圆形的物体可以运动

圆形的物体可以运动。虽然很多形状都可以给人动感，但唯有圆形才可以进行平稳的运动。能够平稳运行的圆，可以帮我们把物体安全地送到目的地。

所以，现实生活中的好多事物都是根据圆的这个特性来设计的，如汽车、火车、自行车等的车轮。汽车、火车、自行车的发明，极大地丰富了我们的生活，一段需要两小时才能走完的路程，如果开汽车，15分钟也许就能让你到达，就是骑自行车，也要比步行要快上好几倍。

另外，轮状物的发明，能够帮助我们运输东西，这极大地解放了人力。一个需要好几个人才能搬得动的物体，只要把它放在轮状物体上，就能够十分容易地帮我们完成任务。另外，街上的井盖就是个很好的例子，圆形的井盖只需一个人就能将其滚走，

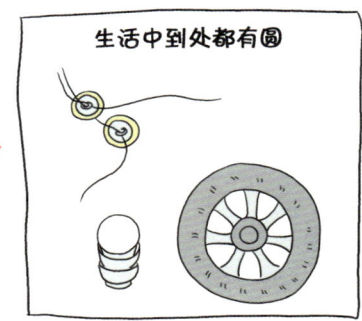

而方形的井盖则至少需要两个人来共同搬运。由此可见，轮状物体的发明，将我们的生活变得轻松起来。今天令我们感到不可思议的古代工程，大多有轮状物的参与。

圆象征着平等

在所有的图形中，圆是唯一可以无限对称的形状，可以画出无数条对角线，而等边三角形只能画出三条对角线，正方形能画出两条对角线。这使得圆形不像别的图形有尖锐的角，或者有一定的重点，圆形上的每一点都是平等的，所以圆形成为一种很平和的形状，在心理上，给人平等的感觉。

在中世纪的亚瑟王传说中，就有象征平等的"圆桌骑士"的故事。传说亚瑟王拥有一支精锐的骑士队伍，这些骑士忠心耿耿，陪着亚瑟王南征北战。他们来自不同的国家，有着不同的信仰。亚瑟王为了促进合作，给人们心理上的平等，就跟他们一起围着一个圆桌开会。

事实证明，当人群围观一个事物时，会很容易自发地围成一个圆。因为如果自己过于靠前，会变得很显眼，容易遭到危险，而过于靠后却又不能得到别人可以得到的信息，因此没有人愿意站在跟别人不一样的位置。人们都有希望获得与别人等同距离的心理，这也是为什么在现代协商或交流性质的会议或活动中人们喜欢围成圆形的根本原因。

圆是简单而又坚固的形状

圆是很简单的，它的绘制就能很好地说明这一点，只要手中有一根绳子，确定下一个点就可以画出一个圆。圆形的这个特点，使它成为器皿的最主要形式。无论东方还是西方，在古代还是现代，人们就都喜欢制作圆形的器皿。将器皿制作成圆形还有工艺方面的原因，最早的陶器制作是由于将泥土捏成圆形比捏成其他形状更容易，到了后来，人们发明了可以旋转的制陶器，这让制作圆形器皿比制作其他形状的器皿更为方便。玻璃的制作则跟材质有关，玻璃原本就很容易凝结成圆形，用吹制的方式制作玻璃瓶，自然更容易得到圆形或圆柱形。

就实用的原则来看，古人热衷于圆形器皿还有另外一个原因，那就是圆形的器皿比其他形状的器皿更加坚固。比如，我们用相同的力度去挤压一个方形的器皿和一个圆形的器皿，那么，变形的肯定是方形的器皿，因为圆形的弧线具有将力量分散的作用。

古罗马人很早就认识到了这一点，所以，他们制作圆弧形的拱门和圆形的屋顶，这不仅可以使建筑显得很美观，而且还很坚固。著名的罗马万神殿就是圆顶建筑的一个典范，它的内部虽然没有柱子支撑，却是世界上最大的圆顶建筑之一。

危险的倾斜

因为重力的原因，人们往往不喜欢倾斜的事物，所以如果客厅里放着的一幅画倾斜了，人们往往会赶紧把它扶正。重力让垂直于地面的方形结构物体呈现最稳定的状态。当物体倾斜时，重力作用就会使物体翻转，这种倾斜的状态很难一直保持下去。由此可见，倾斜的物体是极不稳定的。而人们居住在一定的环境里，最想要的一点就是安全。如果居住在一所不稳定的房屋中，就会产生恐惧感。所以，人们发现自己居住的屋里有倾斜的事物，会很快将其扶正。

但是，有人会讲到，为什么在很多艺术表演和艺术作品中会看到倾斜的存在呢？比如迈克尔·杰克逊就发明了一种舞蹈动作——45度倾斜。迈克尔·杰克逊是一名在世界各地极具影响力的歌手、作曲家、作词家、舞蹈家、演员、导演、唱片制作人、慈善家、时尚引领者，被誉为流行音乐之王。他也是世界上舞蹈能力最强的歌手。45度倾斜这个动作是用抓勾抓住鞋后跟，从而达到前倾45度的视觉效果。同时，舞台的"抓勾"系统通过精密仪器的控制，可以准确伸缩而不被发现。当然，成功的关键还主要在于迈克尔和演员刻苦的锻炼、磨合，以及强健的背部肌肉与身体平衡控制力！做这个动作时单腿承重146公斤，至今没有几人能够模仿。

倾斜既然不能给人安全感，那为什么这些倾斜反而被人们所欢迎和赞叹呢？这是因为那些所谓的倾斜只是一种相对状态，它本身还是存在一种平衡的。如果不依靠那些平衡系统，相信迈克尔·杰克逊也是无法做到45度的倾斜而不倒的。人们赞叹的是他

所作出的倾斜动作形成的一种张力，给人们带来了一种动感的美。

人类的视知觉是判断事物倾斜与否的主要依据

人类判断事物是否倾斜主要依靠视觉，如果看到倾斜的物体就会不自觉地纠正自己的姿势或者纠正倾斜物体的姿势。当然，因为我们生活在重力的世界里，在判断事物是否倾斜时总是会需要有一定的参照物。房屋中的事物倾斜，容易被发现，因为房屋有非常明显的垂直线条。但是在室外，如果缺乏垂直事物，一些轻微的倾斜是很难被发现的。如果在完全没有参照物的黑暗空间，我们会很容易将倾斜的物体看作垂直的。不过如果倾斜角度过大时，人体的动觉系统也会告诉我们物体出现了倾斜。

有趣的是，孩子们对于垂直的概念和成人不同，他们不是以地面为参照物的。比如他们在画房屋时，常将烟囱直接垂直于房屋的倾斜线条，而并非垂直于地面。因为他们以是房顶为参照物的，而不是地面。

倾斜能够通过形成破坏重力平衡的张力制造动感

在艺术效果上，倾斜的事物还能够制造强烈的动感。因为倾斜被人们的眼睛自觉地知觉为从垂直和水平等基本空间定向上的偏离，这种偏离会在一种正常位里和一种偏离了基本空间定向的位置之间造成一种张力，那偏离了正常位置的物体，看上去似乎是要努力回复到正常位置上的静止状态，它或是被符合基本空间定向的构架所吸引,或是被它排斥,抑或是干脆脱离了它。就这样,倾斜就形成一种运动的感觉。所以,这种动感常被艺术家们用到艺术创作中。

奥克斯特·罗丹说过,为了在一尊半身雕塑中暗示出运动,需要给他搭配风景画中的风车,如果它的手臂是呈水平—垂直定向的,那它看上去就是一动也不动的,如果它的两只手臂呈现出互相对称的对角线姿势,观赏者便只能看见到极微小的动感;如果两只手臂处于一种很不对称和极为不平衡的位置上,就会产生强烈的运动效果,即使在观赏者预先认识到这三种位置是同一种实际运动过程的三个不同阶段时,情况也是如此。

现代技术可以让倾斜的建筑具有稳定的平衡感

现代的建筑师已经可以制造出倾斜度非常大的稳固建筑来。我们知道,比萨斜塔以它的倾斜闻名遐迩,但它时刻存在着倾覆的危险,它之所至今仍能安然挺立,主要是有现代技术对其进行维护和加固。

1996年,为迎接在西班牙马德里召开的欧盟会议,而修建比比萨斜塔还要倾斜的欧洲门。它充满了前所未有的挑战性,两座塔形建筑向中间15°倾斜,比比萨斜塔的倾斜度还要大,形成了对称又具有挑战性的美感。

倾斜的比萨斜塔和欧洲门之所以能傲然挺立,主要是利用重力的原理。现代建筑的钢筋混凝土结构可以将建筑融为一个坚固的整体，只要这个整体的重心能维持它的稳定性，那么就不会倾倒。现在所建成的好多不规则的建筑也是容易倾斜的，但是如果给它修建了一个副楼来平衡它的重量，那就能很好地挺立。比如央视的新大楼就是运用这个原理建成的，这也是为什么副楼被烧却不能拆除的原因。

宽屏电视更受欢迎

现在的新款电视机和显示器，绝大多数都是宽屏的。现在流行的新款显示器的屏幕比例，是受电影荧幕影响和启发的。在电影刚刚出现的年代，所有电影的画面大小形状都是差不多的，画面的宽高比为1.33：1，随后有声电影出现了，宽高比被调整到1.37：1。直到20世纪50年代，几乎所有电影的画面比例都是标准的1.33：1，这种比例有时也表达为4：3，就是说宽度为4个单位，高度为3个单位。这种比例后来被美国电影艺术与科学学院所接受，称为学院标准。20世纪50年代，刚刚诞生的电视行业面临着采用何种屏幕比例作为电视标准的问题。经过论证，美国国家电视标准委员会最后决定采用学院标准作为电视的标准比例。那么，为什么宽屏这么受人们的欢迎呢？

数学家们发现了最美的黄金比例

数学家的思维往往是具有逻辑性的，所以也经常被认为是刻

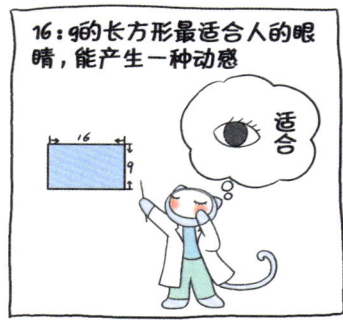

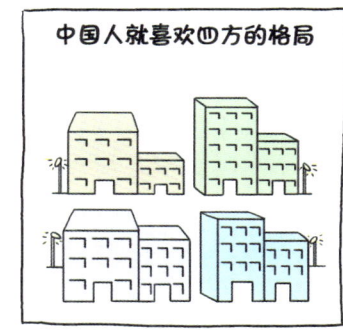

板的，但是黄金比例的发现却是数学家最为感性的一次发现。黄金比例最早是由古希腊的数学家发现的。之所以说这是数学家感性的一次有力证明，是因为当时的数学家发现黄金比例是美。为了找到最美的比例，数学家们不厌其烦地将线分成不同比例的两段，最终才找到了"最优雅的比例节奏"。这个比例是短线条的长度除以长线条的长度，结果为0.618。而在几何图案中，底和腰的比例等于0.618的等腰三角形，长宽比例为0.618的方形，都被称为黄金图像。另外，由于五角星中充满了黄金比例，所以成为了一种非常神圣的图案。

德国天文学家开普勒宣称，黄金比例是造物主赐予自然界传宗接代的美妙之意。我们确实能在自然界中找到众多的黄金比例：如普通树叶的宽与长之比、蝴蝶身长与双翅展开的长度之比、植物叶片的张角与剩余圆周的角度之比……

在我们的生活中，黄金比例也大量存在，我们看的书、报纸、杂志，大多接近黄金比例，因为这样能让人的阅读更为舒服。舞台上的报幕员最好能站在黄金分割点上，这样不仅美观，还最有利于声音的传送。可见，人们生活中很多事物比例的存在全部是因为能够给人带来视觉上的美感，能让人看起来舒服。

宽屏的比例更接近黄金分割，也更适合人的眼睛

当我们在看一个方形时，按照黄金比例来说，最美的方形应该是长宽约为5∶3的方形，这已经成为艺术的经典模式。虽然正方形的结构最稳定，但长宽缺乏变化，过于呆板。长宽越接近的方形，越会显得难看。为了追求更多的美感，人们不断尝试改变方形的长宽比例，以获得更多更美的效果。所以，后来在实践中人们发现，当拉大方形的长宽比例后，方形就会产生一种别样的视觉效果，垂直线能使人们的视线上下移动，而水平线则能使视线左右移动，这样，画面似乎具有了延伸的动感。

可见，长方形是方形中最具美感的一种形状，同时，我们还有必要知道的是，长方形也是最适合人眼的一种形状，这是由人眼的生理结构决定的。由于人眼的生理构造决定人的视野呈椭圆形，而由椭圆形裁切成的最大尺寸的方形，就是长方形。研究发现，这个长方形的比例为 16：9。因此，l6：9 的方形是最令人感觉舒适的，已经成为最新的黄金矩形。宽屏的比例更接近黄金分割比，也更适合人的眼睛，在观看影片时给人的感受也更舒服。此外针对办公应用或是行业应用，宽屏产品可以在一个屏幕内显示两个完整的 Web 页面或是平铺更多的窗口，能够有效提高办公效率。在数字图像处理和多媒体编辑等工作中，宽屏更具优势，较宽的观看视角，适合商务人士展示商业设计方案，是办公的较佳选择。甚至目前的越来越多的游戏也开始支持宽屏显示，归根结底，宽屏更适合人眼睛的视觉特性。

虽然人们已经找到最新的黄金矩形，但并不是说要让我们的生活中处处充满了这样的方形，这样做只能让这个黄金矩形变成最令人厌恶的矩形。因此，在家居装饰中，不同比例的方形变换，

就显得非常必要。比如人们经常使用2∶4∶8∶16的等比数列和1∶3∶5∶7的等差数列,这样设计的家具更符合美学原则,具有很强的规律性和节奏感。

第九章 色彩造就缤纷世界

没有色彩的世界

西太平洋上有一座神秘的小岛平格拉普，这是一个形似人耳的古老火山岛，像所有的热带岛屿一样，它温暖、湿润、神秘、艳丽动人。然而就像我们所知道的那样，海岛的魅力很大一部分来源于蓝色的碧海和白云交相辉映，远处的绿树和近处洁白的沙滩在阳光下发出灿灿光芒。但是这个小岛上的居民却感受不到这些色彩交相辉映的美丽画面，因为他们从出生开始看到的就是一幅单调的景象。

两百多年前的一场灾难——1775年，飓风袭击了这个小岛，岛上上千名岛民死亡了90%。因为飓风毁坏了植被，活下来的居民也陷入了饥荒。最后，整个小岛只有二十个人存活了下来。而这二十个人里，正有一个人携带了全色盲的基因，而他也正是这个小岛的国王。于是渐渐的一代一代繁衍，这个岛上的居民都成为了全色盲，整个世界在他们眼里，只是不同程度、不同质地的灰色。当然，如果从一出生就是全色盲，也许他根本不会觉得色彩存在的价值。如果换做一个没有色盲的人，但是让他生活在一个黑白的世界里，那他会有什么样的感觉呢？其实，用一个很简单的方法就能验证，当你亲眼见证这些美丽的景色之后，你再用黑白相机拍下这幅美丽的景致，拍出来的照片一定会让你觉得风景仿佛丧失了灵性，不再那么美丽了。

那么，色彩之于世界有什么意义？

色彩给世界带来生机

红橙黄绿蓝靛紫，红色的是花朵、太阳，橙色的是橘子、胡萝卜，黄色的是月亮、香蕉，绿色的是树叶、湖水……生活中处处都被色彩填满。难以想象，如果缺少了色彩，我们的生活将多么乏味无聊。

色彩是我们对世界的第一认识，也是事物最明显的区别信号。很多时候，第一眼吸引住我们的并不是物体的形态，而是它本身颜色对我们眼球的刺激，使我们在万千事物中把它择选出来。黑白的世界，除了单调就是冷漠。正是色彩的存在，让世界变得更加的美丽多姿，更加富有生机和活力，例如下面几种常见色调：

红色，是富有激情和魅力的代表，喜欢这一颜色的人大多有活力、有冲劲，情绪上容易起波澜，风风火火！而适当地加入一

些较为平淡的色彩，可以调节心境。

绿色，是环保的色彩，也是健康的代表色，因为大部分的植物都呈现出绿色，所以人类将它视为生命的颜色。

粉色，是温柔、可爱的代表，也因此而成为女生的偏爱。

蓝色，是一种较冷的色调，给人感官上的刺激没有那么强，中和之气较多，也因为和蓝天大海等自然元素的色调相近，而非常受到人们喜爱。希腊的建筑就以蓝白为主色调，非常浪漫。

橙色，代表激情、乐观、自信、有韧性；它是对代表生命力的红色和代表轻松明快和目标坚定的黄色的中和。橙色将身体的能量和思想的力量结合在一起，为成就大智和功业提供了无限可能。橙色能使人们产生新奇的想法，以及看待事物的新视角，它是一种充满智慧和精力的颜色。橙色代表温暖、扩张、繁荣、丰收、容忍和对所有生命的爱。

黄色，让人感觉没有拘束、无忧无虑、生活充满欢乐；这是一种温暖、明亮、欢快的颜色。黄色激发智慧、孕育希望，帮助人们找到生活的的方向。黄色唯一的不足是太过重视逻辑和理性而忽视了情感的需要。不过，黄色还代表博学以及对知识和智慧的追求，在中国，它一度是皇帝的专用色调。

色彩通过心理暗示改变了我们的生活

大多数情况下，我们并没有真正注意到围绕在我们周围的各种颜色。经过缓慢的散步后回到家中，我们会感到神清气爽，但怎么也不会想到这是途中所见的不同颜色对我们的影响。如果我们选择在一个鲜花盛放的花园中散步，结果可能不同。不管怎样，我们喜欢眼前这缤纷的色彩，但却对此浑然不觉。每种颜色都会对你产生一种影响：红色可以激发能量和热情，绿色可以帮助治疗，黄色可以开发智力，橙色可以维系平衡，蓝色有益于增进交流，紫色帮助我们倾听对方的心灵。

不同的颜色会给人不同的感官刺激，从而改变人的情绪或心境，引起其内心心理的变化，产生错觉。

蓝色汽车容易追尾？

说到色彩的魔力，为什么看到蓝色的汽车要特别小心？因为不同的颜色即使处在同一位置，带给人的视觉感受也是不同的。像蓝色这种冷色调，总会给人相对较远的感觉，如果跟着一辆蓝色的车就更容易追尾，而像红色这样明亮的颜色，会时刻引起人们的注意，好像近在眼前。

黑色盒子好像比较重？

其实色彩也是有重量的，相同的两个箱子，会使人感觉黑色的那个格外重，而浅色的就稍微轻一些。有人通过实验对物体的颜色和重量进行了比较，发现相同的黑色箱子，要比白色箱子看上去重1.8倍。这就不难解释，浅色的纸箱搬家会让工人们觉得不那么重，黑色的保险柜则会让小偷第一眼感觉"太沉了，我搬不动"。

在装修明亮的饭店里会觉得"度秒如年"？

日本色彩学家原田玲仁做过这样一个试验，将两个人分别放入蓝色系和红色系墙壁的房间，然后他们凭自己的感觉在里面待上一个小时后再出来，结果发现红房间的人40分钟就出来了，而蓝房间的人70分钟后还没出来。人的时间感会被周围的色彩所扰乱，在红色等鲜艳的颜色充斥下，人会感觉时间过得特别慢，这也能解释，为什么在装修明亮的快餐店等人会觉得"度秒如年"。

轻快明亮的颜色会减轻疲劳感？

美国著名的福特汽车公司也曾借助颜色来帮助提高生产效率，他们把车间原来带黑线条的深绿色，重新油漆成浅蓝色和乳黄色，结果，工人劳动效率大大提高，因为他们的疲劳感减轻了。

我们生活的地球原本就是丰富多彩的，由各种各样的纷呈色彩构成，那些美好的色彩对于我们而言是生命中不可或缺的一部分，它们让我们的生命更美好。

太阳的彩衣

有一个童话故事叫《太阳的彩衣》。故事说，有一回，太阳想做一件美丽的新衣。他的七个孝顺女儿都献上了最美的布，其颜色各不相同。从大姐到七妹，其色分别为赤、橙、黄、绿、青、蓝、紫。太阳高兴地用这些布缝缀成了一件七彩新衣。从此，太阳就穿上这件七彩衣，每天在天空中巡游。因为太阳身穿七色彩衣，所以，当它发光普照时，就放射出了赤、橙、黄、绿、青、蓝、紫这七色彩光。这就是传说中色彩的来源。

那么，色彩的真实来源是什么？它仅仅只是太阳的彩衣那么简单吗？

色彩的真实来源

童话故事虽然美好，但毕竟不是真实，人们看到的色彩其实是因为光才会出现的。光与色有着密切的联系，可以说，因为有光，才有了颜色。白天光线充足，我们能看到色彩艳丽的物体，譬如打开一罐巧克力豆，立刻能看到缤纷多彩的豆子，让人食指大动。可是在夜里，没有光，漆黑一片，只能闻到巧克力豆的诱人香气，却无法窥其色彩。打开灯，光照之处，巧克力豆的美丽色彩会立即显现。

最早发现光与色之间关系的是英国科学家牛顿。1666年，牛顿做了一个实验。他首先布置了一个漆黑的房间，只在窗户上开一条窄缝，射进一束阳光，并让这束阳光穿过一个三角形的棱镜。结果，在对面的墙上出现了让人吃惊的图像：投射到白墙上的并不是一束白光，而是按红、橙、黄、绿、蓝、靛、紫的顺序排列的光带。这条七色光带就是太阳光谱，这个试验就是著名的色散实验。

牛顿的实验说明，当各种色光按一定的比例均匀混合，就会变成没有颜色的白光。由此我们可以知道，人的眼睛之所以能感觉到色彩，是由物体对光线的某些波长会有选择地吸收而造成的。

由于不同颜色的物体会吸收不同波长的光,所以我们眼中的世界是五颜六色的,一如不同的音符会组成激动人心的协奏曲。至于色彩中的两个极端——黑与白,黑色是物体完全吸收了各波长的光的缘故,而白色与之相反,是因为物体完全反射了各波长的光。也就是说,借助于光,我们才能看到物体各种不同的色彩。色彩是光的产物,没有光就没有色彩。

色彩的分类

从我们所看到的物体呈现出的各种颜色来说,最多见的是反射的色,即表面色。如果把这些表面色进行大的分类,可分为红、黄、蓝彩色系和黑、白、灰无彩系。

彩色系全部具备着色的三要素。无彩系则没有色相和纯度,而只有明度。由于红、黄、蓝周围的色彩,在色相、明度、纯度方面都各具不同的特征,便形成了千百种不同的色彩。

原色,是指固有的色,用其他任何色都调不出来的色,即红、黄、蓝,称三原色,但千万种色彩都可由三原色调配出来。

间色,由两个原色混合,产生出来的颜色,即红+黄=橙,红+蓝=紫,黄+蓝=绿,橙、紫、绿为三间色。

复色,由两个间色或三个原色混合而成的色。如橙+绿=黄灰,橙+紫=红灰,紫+绿=暗绿。

补色,在色环上任何直径两端相对的色。如红与绿,橙与蓝,黄与紫。在色环上这三对补色是最强的补色对比。

色彩的冷暖感

色性是指自然界各种颜色在人们心理上所产生的感觉和联想。色彩的冷暖感与我们日常生活经验有着密切联系，如阳光与火光，感觉是暖的，因为阳光和火光能产生热量。当我们看到红、橙、黄的颜色时便联想到太阳和火光。凡是偏向于红、橙、黄的色称之为暖色。反之，当我们看到青、蓝、紫的颜色时便联想到冰天雪地、大海，给人以寒冷或凉爽的感觉。凡是偏向于青、蓝、紫的颜色称之为冷色。

蓝与橙是冷暖的两个极色，介于二者之间的色称为中性色（中性微暖色、中性微冷色）。色彩中的冷暖只是相对而言的，是相比较而言的。如绿色和红色相比较，绿色是冷色，然而，绿色与蓝色相比较，绿色则是暖色。再以朱红和深红相比较，朱红偏暖些，深红则偏冷些。

色彩的冷暖，在绘画中应用非常广泛。在静物画中，表现物象的体积、空间、层次，不仅要注意色彩的明暗变化表现，而且应运用色彩的冷暖变化因素来表现塑造。风景画更是如此，深远的景物看上去色彩总是冷些，而近处物象的色彩显的暖些。由于大气的影响，这种冷暖关系的变化便显得特别明显、突出。

在色彩表现中，颜色的冷暖关系无处不在，有的冷暖对比关系明显，有的反应微妙，这种反应只是冷暖对比关系程度不同而已。物象色彩的冷暖，除了本身的色性，还受到外部色彩的影响，如光源色和环境色，它可以部分甚至整个地改变物象原来的色性。

色彩能唤起人们不同的情感

在生活中，人们总是将每种色彩与多种多样的经验联系起来。当人们注意某种颜色时的情境会回想起这些经验来。比如：红色与太阳、鲜血、火相联系，它的基本意味是热烈，引申为严重、危险、崇高、严肃；绿色与植物相联系，基本意味是安静，引申为和平、朝气、青春、温柔、凄凉、孤独、安全；蓝色与天空、海洋相联系，基本意味是深沉，引申为悲哀、绝望、空虚、抑郁、秀丽、安静；黄色与土地相联系，在我国基本意味是尊贵，引申为卑鄙、羞耻、屈辱、明朗、温和、快乐；白色与白昼相联系，基本意味是明朗，又有纯洁、肃穆、叛逆、神圣、清爽等意义；黑色与黑夜相联系，基本意味是严肃、恐怖，又有罪恶、神秘、悲哀、静寂、不幸、死亡、高雅、渊博、超俗、威严、庄严等意义。

色彩能够唤起人们自然的、无意识的反应的联想，这是一种心理效果，它源于经验，这些经验我们经常体验，以至于成为我们内心世界的一部分。而很多颜色能够被赋予真实色彩所不具备的概念是因为色彩具有一种象征效果。颜色的象征效果也源于经验，只是这类经验极少是个人的，大多是流传了几百年的传统。象征效果产生于将一些经验普遍化，将色彩的心理效果抽象化，因此心理效果与象征效果存在紧密的联系。

此外，色彩之所以能唤起人们不同的情感还在于其他几种效果，比如文化效果，即存在于不同文化中的不同生活方式决定了色彩效果的不同；政治效果，即在政治领域里色彩具有特殊的象征意义，等等。

冬天的深色衣服

冬季给人的感觉总是非常萧条和沉重的。这不仅仅是因为在冬季树木凋零，天寒地冻，还因为冬季的世界没有了绚丽的色彩。在北方冬季的大街上，每个人都会裹紧了大衣和棉服，大部分衣服都是深色的，连商场里的衣服大部分也都以深色为主。而在夏天却是相反的景象，到了夏天，人们的服装往往都会以浅色为主。这是为什么呢？

其实，这是我们通过色彩的接触感官由此而生的直觉性体验。那么穿浅色的衣服更凉快，穿深色的衣服更暖和就是我们对色彩的直觉性反应。我们在前面讨论过颜色有冷暖之分，冷色和暖色是指不同的色系，而非指同种颜色的深浅。其实从感官上我们就因此体会到了，不同的衣服给我们带来了不同的感受。冬天之所以是深色衣服的天下，很大程度上是因为深色更容易带给我们温暖的感觉。

浅色的物体不容易吸收热能

我们感觉到的温暖的多半是天上的太阳散发出的光芒。所以我们在没有太阳的黑夜会感觉寒冷，在有太阳的白天会感觉温暖。这种感受在温度最高的夏天和寒冷的冬季最为明显。

我们知道太阳光是由很多不同波长的光波组成的，物体在被

光线照射后，会吸收某些波长的光，不能吸收的光则被反射出来，当这些不能吸收的光射入人眼，就成了我们看到的颜色。

在宇宙中有一种天体，它能吸收所有的物质，包括光线，这就让我们无法看见它的真实形体，只能感觉它所在的区域为一片黑色，天文学上将这种天体称为黑洞。所以我们看到的黑色，是物体吸收了大部分光波，只将少量的光反射出来而形成的颜色。而白色的物体只能吸收很少的光，它能将大部分的光波反射出来。根据这个原理，我们可知深色的物体通常能吸收更多的光波，而浅色的物体则吸收较少的光波。

光波被吸收，意味着能量也被吸收，颜色越深能聚集越多的热能。我们在夏天如果穿黑色的衣服，一定会汗如雨下，但如果我们穿上浅色的衣服，就会立即觉得凉快了许多。而冬天，如果我们还穿着浅色的衣服，则容易感觉到寒冷。

这也就意味着，深色的衣服真的比浅色衣服更加保暖。

反射率高的颜色具有安全性

我们在街上随处可以看到，道路交警和清洁人员在车水马龙的大街上不停穿梭，他们往往都会穿着彩色的制服。

如果你认为这些制服只是为了整齐划一或者方便管理之类的，那就大错特错了，其实这些一直处于危险地带工作的人身着的制服都是为了安全特别设计的。

最近他们所穿的安全背心，已经由过去的红白相间，逐渐改为了黄白相间。这一改变,打破了人们对红色警示作用的惯有思维。很多人因此不解,觉得不是红色是最醒目的颜色吗?难道还不安全吗?

虽然红色是非常醒目的颜色,但它对光的反射率远远小于白色和黄色,这就让白色和黄色成为最安全的颜色。现在就连安全帽也开始从原来的红色改变为白色和黄色。这样的安全帽不仅更安全,还能防止烈日下安全帽内温度过高,减少高温对人判断力的影响。

如果你在夜间出行,最好能穿一件白色外套,这更容易让夜晚驾驶车辆的司机注意到你。

用颜色减肥

爱美是人的天性,尤其是女人。而身材的保养对于女性来说更是美中之重,正因为如此,减肥也成为很多女性生活中的一部分。运动和调配饮食是减肥的两大有效途径,但却也是非常难以坚持的两种方法。有时候人们可能会感到奇怪,为什么食品公司会选择那种颜色的包装?为什么人们会认为某些食物看起来更诱人?研究显示,不同的色彩会对我们的食欲产生不同的影响。所以,近些年,出现了一种新的减肥方法,那就是"色彩减肥"。很多女性,往往只是上半身或者下半身有点儿肥胖,有的可能仅仅只是有一点点"小肚子",但是,还是需要辛苦地运动和节食。其实这样的女性不必辛苦地做健身运动和节食运动，只需搭配好你的食物颜色及服装颜色，就可以让你显得苗条，让你更加出众。一位色彩搭配达人说："有时通过调整饮食颜色就可以达到减肥的目的。"那么，色彩是如何影响人们的食欲并帮助人们减肥的呢？

单一的颜色能破坏食欲

很多营养学家研究得出，如果一顿饭的颜色在三种以上，就能极大促进人们的食欲。由此我们可以得知，既然丰富的颜色能刺激食欲，那就表示单一的颜色很难引起人的兴趣。

我们可以来观察一下周围的人，你会发现，大部分人在看到满桌青菜时，就会眉头紧皱，这不仅仅是因为没有肉的缘故，只是因为单一的绿色很难让人有胃口。如果将菜肴换成番茄浓汤、红烧排骨，再来一道胡萝卜炒肉，虽然有了肉菜，也采用了能促进食欲的暖色，但是单一的红色也会让人兴趣全无，而且从经验上来说，过多的红色食物会让人有一种已吃饱的错觉。如果我们全部用淡黄色和白色的食物做菜，估计更没有人喜欢了。

最能吸引人的食物，其色彩都是明亮的，所以做颜色暗淡的菜肴，能有效降低进食者的食欲。放了酱油的菜肴，大多颜色暗淡。炒茄子、炒胡豆、炒豆干、凉拌木耳等菜的颜色也相对较暗，但需要注意的是，如果一顿饭中出现了浅色的或颜色明亮的菜肴，则会起到突出同桌深色菜肴的作用，反而不会起到抑制食欲的作用了。

橙色、橘色、红色、金黄色等亮丽色彩的食物可以刺激人的

食欲，如果你的餐桌上有这类颜色的食物，你就会不知不觉地多吃几口，这样就很容易为肥胖埋下隐患。但是，这些颜色的水果多吃点却没有关系，不会增肥的。可是如果你的菜肴中放了红色的辣椒，一则由于辣椒颜色鲜艳，二则辣椒有开胃的作用，这样就让人更想多吃点了。就拿吃水煮鱼来说吧，只看一看就非常有食欲了，虽然吃鱼不会增肥，但是吃了辣椒就会开胃，胃口好了，别的食物一样会多吃的，这样也同样会长肉的。

要想减肥，可以试着把你的食物换成乳白色、白色的，例如豆腐、鱼类等，此外，还可以选择绿色的，如嫩笋，这些食物本身都不是高脂肪的，而且又有丰富的营养元素。

餐具的色彩也很重要

如果你想抑制食欲，可以把你家中的桌布、餐具统统换成清淡、素静的颜色，或者是繁杂、浓郁的颜色，例如多种颜色交织在一起的桌布。清淡的色彩有利于减轻食欲，让你没有吃饭的心情，从而达到抑制食欲的作用。有些餐馆的装修用的就是白色、蓝色等浅淡颜色，这样人们在吃饭时就没有食欲了。相反，麦当劳、肯德基等装修选择的颜色大多是红色的，让人进餐时能够有很强的食欲。

紫色能控制食量

冷色有降低食欲的作用，不过食物中缺乏蓝色，所以我们可以选用紫色的食物来控制食欲。比如在汤中加入紫菜，或者是做一道炒洋葱。

紫菜和洋葱的紫色并不明显，有着明艳紫色的茄子也会在食物加热的过程中损失紫色，所以我们可以挑选紫色甘蓝来做减肥菜。紫色甘蓝是西餐中制作沙拉的重要材料。在地中海地区，有在正餐前吃蔬菜沙拉的习惯。蔬菜沙拉可以在饭前填充大部分胃部，使人们很容易就感到饱足。其中紫色甘蓝厚实的叶片，能让人获得更充实的饱足感。所以现在西方非常提倡地中海式的饮食方式，将其作为减肥餐。我们在制作减肥沙拉时，要减少里面的红色材料，这会让沙拉色调看起来更冷。

衣着的色彩可用来进行视觉减肥

人的身体是有颜色的。同是黄皮肤、黑头发、黑眼睛的亚洲人，仔细观察便会发现，因人而异肤色的调子是不同的。这是因为每个人的DNA（遗传基因）不同，构成DNA的三个重要元素是：黑色素、血红素和胡萝卜素。血液中这三种物质的比例决定一个人的肤色，黑色素决定皮肤的黑与白、深与浅，血红素和胡萝卜素决定皮肤的"冷"与"暖"。

暖色调的人身体色特征以黄调子为主，冷色调的人身体色特征以蓝调子为主，她们的皮肤色彩倾向就决定了穿衣用色要按色彩的"冷"、"暖"来划分。根据基调不同，"四季色彩理论"把颜色分为春、夏、秋、冬四季，春、秋为暖色调，夏、冬为冷色调。

黑色属于后退色，很多人觉得穿着黑色的衣服能够让自己显

瘦。其实不然，如果你本身的皮肤季型是春季，你选择黑色的衣服就必须在妆容上做很大的改变，才能适应这种颜色。只有具有黑色身体特征的人才能够驾驭黑色。人们往往很容易回忆起一个穿"自己颜色"衣服的人。其实一个春季型的人也可以选择穿一些春季色里的深颜色，这样人们就会把目光集中在她的脸上，而忽略了她的身材，这样能给人一种亲切、舒服的感觉。如果穿错了颜色，就会给人一种发闷的感觉，有一种拒绝别人的意思。同时，一个人如果穿对了颜色，即使是胖人穿了浅颜色的衣服，也能给人一种轻盈的感觉。

这不是我买的那件衣服

色彩是千变万化的，经常会使人们的眼睛犯错。下面就有一个发生在我们身边的非常常见的实例：

一个人在商店里看中了一件草绿色的衣服，当时喜欢得不得了，可是回家打开包装一看，却发现，明明是草绿色的衣服竟然变成墨绿色的了。于是就要回商店找店家理论，但是回到商店，却依然看见衣服是草绿色的，于是就疑惑了，为什么会这样呢？

这个人的经历其实很多人都体会过，买回来的衣服色彩和在服装店时往往不太一样。其实这并不是衣服本身的颜色发生了变化，而是因为不同的环境影响了衣服的颜色，所以才使人们产生了色彩错觉。都有哪些因素能影响颜色的变化呢？

颜色的变化受光线的影响

我们知道,光是一切色彩的来源。因此,颜色的变化大部分都是因为光线的影响。首先,光线的明暗会影响颜色的深浅。自然光源受气候条件的影响,时刻发生亮度的变化,很不稳定,如晴天和阴天的太阳光强度相差很大。人造光源比自然光源稳定,但也有亮度的变化。例如白炽灯,亮度增大时,颜色趋向于白;亮度减弱时,颜色趋向于红。光源的亮度变化对物体颜色有直接的影响,物体的固有色在入射光亮度适中的时候表现最充分。太亮的强光会使固有色变浅,太暗则会使固有色灰暗乃至消失。

其实,买衣服的人之所以会看错衣服的颜色,就是因为大家所光顾的商店,有的光线强烈,有的光线暗淡,这些光线的明暗会直接影响到颜色的深浅。通常较亮的光线能让颜色变得更亮一些;而光线较暗时,颜色会显得深一些。例如当把绿色放在光线下,并用一块板子遮住一些光线时,虽然我们仍能看出板子下的颜色是绿色,但跟光线下的绿色相比,板子下的绿色变成了墨绿色,很多商店会用这样的手法来巧妙地改变衣服的颜色。所以,为了让衣服显示出真实的效果,建议在购买衣服时应在自然光下试穿。

其次,光线的颜色会影响颜色的变化。我们知道,颜色来自物体对光的反射,因此,我们也不难理解有颜色的光会使物体的颜色有所改变。比如,人们现在普遍使用的灯为节能灯和白炽灯,节能灯因为光线偏蓝色,人在灯光下会有脸色发青的感觉,而正是由于这种偏蓝色的光总给人一种冷冷的感觉,所以节能灯的光

被称为冷光源；而白炽灯的灯光呈黄色是众所周知的，由于白炽灯的光总能给人温暖的感觉，所以被称为热光源。

可见，有颜色的灯光会使其照射的物体发生颜色上的改变。所以，无论是在舞台上还是影视剧中，灯光师都是不可或缺的一个职位。因为，舞台和影视剧常常需要利用灯光的颜色来改变环境。比如，舞台想要表现四季时，就会使用白色的背景，分别打上绿色、橘红色、黄色和蓝色来表现春、夏、秋、冬。当然，我们的生活中基本上不会出现如此极端的情况，但是在买衣服时，商店的灯光总会影响到大家的视觉效果。如果灯光颜色偏蓝，服装的颜色也会略微偏蓝；而灯光的颜色偏黄，服装的颜色也会略微偏黄。所以要确认衣服的颜色，最好能在自然光下或是最亮的光源下。

最后，光源的距离变化也会影响颜色的变化。光源与观察者距离的变化，会使光源色发生改变。如白炽灯光，随着距离的推远，其颜色由黄逐渐向橙、橙红、红色变化。光源色对物体颜色的影响主要表现在物体的光亮部位。不同的光源色对物体色彩变化的影响程度各不相同，大致以红光最强，白光次之，再次为绿、蓝、青、紫等。所以，当人们在购买服装时，如果离光源较远，服装的颜色就会变得较深，离光源较近，服装的颜色就会变得较浅。

颜色的变化也会受环境的影响

环境对颜色的影响主要表现在环境颜色对颜色的影响。环境色对物体的颜色的影响取决于环境色的强弱、邻近物体与被观视

物体的距离、被观视物体表面粗糙程度和颜色等性质。

　　物体的基本颜色特征是固有色，但由于光源色与环境色的影响使物体表面的色彩丰富多变。在特定的光源与环境下物体呈现的颜色称为条件色。每一物体的颜色都是物体的固有色与条件色的综合体现。一般说来，物体的固有色很容易确认，而条件色却很复杂。比如，黄颜色在绿色的环境中，很容易变得偏绿；在红色的环境中，却会变得偏橘色。而服装店的衣服往往颜色复杂，所以服装在这些复杂的环境色下总会呈现不一样的颜色。所以，有些服装店为了制造别具一格的效果，可能会在店面装修上偏向某种颜色，比如，卖小女生服饰的店铺可能是粉红色，卖性感服饰的店铺可能会有很多红色和黑色，卖男士服饰的店铺可能会有更多蓝色。而这些环境色会让店铺中的货品颜色发生变化。所以，要想在有颜色偏向的店铺挑选服装时不会弄错颜色，你可以找一块白色的空间来看货品颜色，或者找白色的纸衬在货品下面，就能看出最接近真实的颜色了。

　　此外，如果环境色比货品的颜色深，则货品的颜色会显得较浅；如果环境色比货品的颜色浅，则货品的颜色反而会变深。这种颜色的对比，容易让人产生错觉，无形中将两者的差距拉大。所以大家在选衣服时，也应该考虑你的衣服是要在什么场合穿。如果是在灯光明亮的环境或者白天穿，可以用白色背景来确定其颜色；但如果你的衣服是要穿到灯光昏暗的地方比如夜店，不妨拿到黑色的背景下观察颜色，这样才能让衣服在夜店中更为出彩。

最后，邻近物体与被观视物体靠得越近，被观视物体表面越光滑，反射光线越强，则环境对被观视物体的颜色所施加的影响也越大。反之，与邻近物体距离越远，表面越粗糙，颜色越浅，物体受环境色的影响越小。

颜色的个性

过去英国伦敦的菲里埃大桥的桥身是黑色的，常常有人从桥上跳水自杀。由于每年从桥上跳水自尽的人数太惊人，伦敦市议会敦促皇家科学院的科研人员追查原因。开始，皇家科学院的医学专家普里森博士提出这与桥身是黑色有关时，不少人还将他的提议当作笑料来议论。在连续三年都没找出好办法的无奈情况下，英国政府试着将黑色的桥身换掉，这下奇迹竟发生了：桥身自从改为蓝色后，跳桥自杀的人数当年减少了56.4%，普里森为此而声誉大增。

诗人歌德说："在纯红中看到一种高度的庄严和肃穆。"通过一块红玻璃观察明亮的风景，令人想到"最后的审判"那一天弥漫天地的那种无助，不禁产生敬畏之心。红色由于其庄严安全的特性而被当作象征王权的颜色。纯黄是欢乐而柔和可爱的。蓝色"毫不可爱"，空虚、阴冷，表达的是一种兴奋和安全的矛盾。

画家康定斯基认为：每一个颜色都是可以既暖又冷的。红色是一种冷酷地燃烧着的激情，是存在于自身中的一种结实的力量。黄色从来不代表什么意义，因此它接近一片荒芜，很亮的黄像刺

耳的喇叭，令人难以忍受。暗蓝浸沉在没有涯际的、包罗万象的深沉严肃中。

色彩和个性相关

众所周知，颜色对人的心理和生理影响很大，就好像我们选择的食物会对身体健康产生不容忽视的影响一样。颜色对精神和生命活力起到非常重要的作用，同时也会刺激人的心理。在古代，许多人相信颜色具有某种魔力，在今天，科学家也认为颜色与人的大脑有着某种联系，不同颜色对人的身体、情绪、思想和行为有着深刻影响。由于人们的生活经验、传统习惯及年龄性格等不同，对色彩产生的心理反应也自然不同。"色彩是感情的语言"，根据不同色彩可以诱发不同情感。

不同颜色和性格

红色：外向的乐观者，对于琐碎的事情不会想不开，也会将自己的情感直接抒发出来。如果有什么高兴的事，会明显地表达于外。如果有什么想法，会立刻去行动，不但喜爱运动，而且爱出风头。喜欢热情奔放、活泼开朗的红色系，表示这种人是属于积极主动的类型，非常擅长处理人际关系，对于工作可说是圆滑而熟稔，就像外交官一般的干练。

绿色：是大自然的颜色，对绿色的喜爱会使人们向往大自然的淳朴。所以喜欢绿色的人属于现实型的人，对于爱情相当细腻，社交也超于凡人，但对于上下的关系或人情世故，会保持谨慎的态度。喜欢绿色系的人，绝对是个理想主义者，个性挑剔、爱批评别人，而且很爱发牢骚。

蓝色：是天空的颜色，是属于较富幻想力的色彩，因此喜欢蓝色的人通常拥有宽广的胸怀，常给人犹豫不决的感觉，喜欢蓝色的人，表示对于事物或金钱的要求，并不比内心的满足来得重要。喜欢蓝色的人有时会显得比较软弱，他们不善于表达内心的想法，容易委曲求全，以换取生活的平静。过于忍耐会使他们的内心压抑，所以当他们强势时，也会显出固执的一面。另外，喜欢蓝色系的人，好奇心强烈，对新奇的事物很感兴趣，学习能力不错。

黄色：是婴儿最喜欢的颜色，喜欢黄色的人容易像孩子一样富有好奇心。这种人比较具行动力及冒险心，是不容易满足于现状的积极派，如果心里坚决想达成的事，就算遇到困难也会对抗到底而完成任务。但由于拥有许多欲望，所以当欲求无法达成时，很容易与周遭的人发生意见冲突。喜欢黄色系的人，大部分都有活泼的天性，却又保有强烈的主观意识。

紫色：是由红色和蓝色调配出的颜色，喜欢紫色的人，比较追求艺术或个性的品位，讨厌平凡无奇的事物，有强烈引起他人注意的欲望。但是由于容易满足，因此对同样一件事无法持久。通常纵情的人比较容易喜欢紫色，所以这种人容易放纵自己，在生活上容易倾向颓靡，对于物质的要求很高。

黑色：可以用来表示"死亡"、"黑暗"或"绝望"，另一方

面也可隐藏自己的个性而使自己看起来和别人一样，有这样心态的人多穿黑色衣服。其实黑色是非常有个性的颜色，而喜欢黑色系的人，性格经常处于矛盾中，总是在尝试表现自己的同时，又显得非常害羞，抱着不太想让人了解的心态。

白色：象征纯洁，喜欢白色的人多半向往纯净的生活，所以喜欢白色的人属于不将内心的想法表现于外的那一型人，会对自己宽大，而对别人严谨。这种人表面上虽然会顺从他人，内心却存着反叛的因子，表里不一。由于一般白色给人的感觉是纯洁、善良的象征，因此喜欢白色系的人，在本质上同时也具有这些性格，通常不太喜欢花脑筋去想复杂的事情，心中只想过着无忧无虑的生活。

灰色：原本就是一种给人印象较弱的颜色，也可以说是一种无感动、无感激的象征。但是由于灰色和其他任何一种颜色都能调和的缘故，比较用心思、慎重、追求和平、安定，压抑自己热情的人较喜欢这个颜色。喜欢灰色系的人，比较常为他人考虑，也会压抑自己。

粉红色：色调比较柔和，是感情细腻、个性温柔的人喜欢的颜色，因此这种人富于同情心能为他人着想，当别人有困难时，就会立刻伸出援手。喜欢粉红色系的人，通常容易显得浮躁。

橘色：是红色和黄色调配出的颜色，因此这个颜色比红色稍微不那么强眼，但跟红色一样热情奔放，大方活泼。偏好橘色系的人，对各方面的物质要求比较挑剔，尤其喜欢具有品味的东西，有较高的生活格调。

第十一章 追求世界的本真

立体的视觉

众所周知，绘画作品是一种二维的空间形式，它只存在长和宽。但是，人们生活在一个三维的空间世界里，所以人们并不满足于绘画只是一种二维的存在。那么二维的世界是如何的呢？我们可以以蚂蚁为参考对象。蚂蚁是典型的适应二维空间的生命形式。它们的认知能力只对前后（长）、左右（宽）所确立的面性空间有感应，不知有上下（高）。尽管它们的身体具有一定的高度，那也只是对三维空间的横截面式的关联。蚂蚁上树也并不知有高，因为循着身体留下的气味而去，它们在树上只会感知到前后和左右。我们都做过这样的游戏：一群蚂蚁搬运一块食物向巢里爬去。我们用针把食物挑起，放在它们头上很近的地方，所有蚂蚁只会前后左右在一个面上寻找，绝不会向上搜索。对于蚂蚁来说，眼前的食物突然消失实在是个谜。当它们依据自己的认知能力在被长、宽确立的面上遍寻不着时，这块食物对它们来说就是神秘失踪了，因为这块食物已由二维空间进入三维空间里。只有我们把这块食物再放在它们能感知到的面上，蚂蚁才可能重新发现它。这对于蚂蚁来说，却又是神秘出现了。

从蚂蚁的世界我们可以看到，二维的世界是狭隘的。人们不可能像蚂蚁一样满足于二维世界，所以很多绘画作品即使在存在形式上是二维的，但是其表现的内容，给人的视觉效果却是三维的，立体的。那么这种效果是怎样产生的呢？

空气透视使得画面立体

空气不仅能改变颜色，还能通过折射度等来改变物体的清晰度。这是奇才达·芬奇发现的，我们生活中的空气并不是理想状态的毫无杂质，例如雾、烟、灰尘等杂质都会使远处的物体变得淡而模糊，所以在作画时，只要善于利用色彩饱和度就可以更好地展现出主体感；近处的物体颜色鲜艳，而远处的物体颜色暗淡；在绘制图案时，也只用将近处的物体描绘清晰，而远处的物体只要有一个轮廓就可以了。这样的透视法可以让人更鲜明地感受到空间的立体感。其实这也说明了色彩的运用也能产生立体感。

另外一个善于用这种透视法来表现作品立体感的著名画家是印象派的塞尚，他的画大部分进行了团状处理，这种处理是指近处的景物是由细小的团状颜色组成，而远处的景物则是由大块的

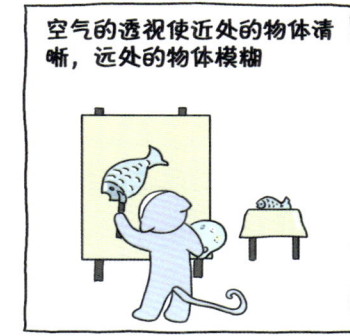

团状颜色来代表。这种新颖的理论迅速被印象派的画家所接受，从而开创了西方现代美学的全新时代。这种团状处理方法其实是空气透视法的一个延伸。

有趣的是，在现代摄影技术中，这种方法也被采用，摄影师在摄影时只要通过增加光量，就能将背景模糊成印象派的团状颜色，从而使得画面呈现立体的效果。虽然这是缩短景深的做法，但是通过突出主体、模糊背景的方法，让画面变得更加立体起来，这种方法我们可以在很多著名的摄影作品中见到。

光影让画面立体

一个规则的物体是很容易利用焦点透视法来表现立体感的，但一个圆润的或者不规则的物体，却很难利用这一技法来表现立体。

把圆球体画出立体的感觉是比较不容易的。圆球体没有一个平面，明暗的变化往往呈现出圆环形状。掌握了这个特点，我们观察和作画就并不难了。打好轮廓后，先要在受光部分轻轻画出光环；然后找出最浓最黑的圆环，那就是明暗交界线。亮部要分出若干环形层次。画暗部时要特别注意画出反光。反光有从桌面反射上来的，也有从墙上或别的地方反射形成的。反光在暗中透亮，显得特别耀眼，但它的亮度无论如何不能超过受光部分，这是我们要特别注意的。

画明暗前必须首先把物体的轮廓打准确。还没有打好轮廓就忙着去涂明暗，是画不好的。黑与白、明与暗都是通过比较而存在的。所以，画明暗时，必须牢牢记住并切实做到从整体出发，反复比较。一个六面体，通常可以看见三个面：受光的亮面，背光的暗面，半明半暗灰调子的中间面。在同一个面上，明暗也往往会有些变化，特别是在明暗交界的地方。一般是靠近暗面的地方要亮一点，靠近亮面的地方要暗一点。我们必须仔细观察，把它一一如实表现出来。画好三个面，再加投影。投影往往离物体越近越深，边线也越清清楚楚；渐远渐淡，边线也就渐渐模糊了。

透视也是一种方法

透视是我们今天学绘画都必须学的重要内容，在基础素描课的时候，老师就会多次向我们强调透视的重要性。所谓透视就是指我们的视觉会将近的物体看得较大，而将远的物体看得较小。这样的技法在古亚述王宫中已经出现了，当时的画家在处理两个重叠的人物时，总是将前面的人画得大于后面的人，但当时这种透视方法起初还只是一种原始的对看到的具体景物的忠实描摹。

让透视得到真正发展的，还是文艺复兴时期的建筑师布鲁内莱斯基。他借助镜子发现，人眼看到的画面都存在一个焦点，物体距离人的远近，会根据物体与焦点的连接线，等比例地放大或缩小。于是他创造了这种利用焦点来改善立体感的方法，也就是我们现在都知道的感性的"近大远小"透视法，通过他的实验，透视有了理性的参照。到了 16 世纪，西方绘画都会利用焦点透视来增加绘画的立体感，透视已经蔚然成风。

城市需要雕塑

雕塑是雕、刻、塑三种制作方法的统称，是设计师运用形体与材料来表达设计意图与思想的一种方法。城市雕塑在西方具有悠久的历史，且并不因时代和社会及国家的更迭而中断。从古希腊时期开始，人们就在重要的公共场所摆放雕像。当时的雕像大多为人体，如神灵、勇士、健将，这些美而神圣的人体矗立在古希腊人的周围，仿佛能令他们时刻获得关照，使他们获得精神的支柱和熏陶。这样的雕塑方式一直从古罗马持续到中世纪，再到文艺复兴。到了20世纪，西方各国的大小城市，都将城市雕塑作为城市建设和其文化的重要组成部分。20世纪末，我国曾经出现了大规模的雕塑潮，全国大大小小的公园、单位、市政设施里，都会见缝插针地出现各种题材的雕塑。如今，雕塑更是已经成为城市建设规划不可缺少的一部分。这是为什么呢？为什么我们的城市需要雕像呢？它能给我们带来什么呢？

雕塑最富空间感

众所周知，平面绘画很难表现事物的整体视觉概念，它只能显示出事物的一个面来，这是画作的局限性，但雕塑却不同，它是运用物质材料为视觉及触觉提供实体造型为主的艺术。它除了

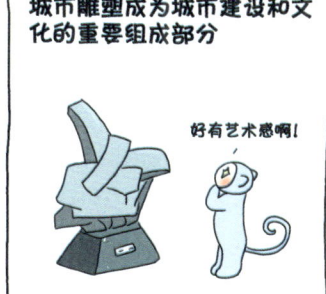

具有一般造型艺术所共有的形象和直观性以外，还具有其他造型艺术门类所难以类比的特殊性。雕塑是三维空间艺术最典型的样式，因为它可以使用具有长、宽、高三个维度的材料来进行创作，所得到的艺术品可以用来表现更接近真实的事物。这样的真实可以让我们更精确地感受到艺术家创作中所渴望表达的情绪。当我们来到洛杉矶好莱坞的蜡像馆，馆里面的明星们就像真人一般站立在我们面前。我们可以任意观看他们的正面、侧面、背面，这种欣赏方式，是其他艺术形式很难达到的，对于观赏者而言，这样的艺术形式更加有亲和力，也有巨大的视觉冲击力。

在绘画中那些很难解决的角度问题，在雕塑中完全不是困扰，因为只要创作者愿意，三百六十度地呈现雕像的各个精微的感受都可以。关于人的雕塑可以使我们看到凹凸的身材，也可以使我们看到完整的面容。牛的雕塑可以让我们看到它完整的建硕身形，也可以使我们看到它漂亮而工整的牛角。这就是雕塑，能给我们全方位的视觉享受，不会忽略掉每一个细节的美感，这是最具立体感的艺术。

雕像富于变化的美感

成功的雕塑作品不仅在人为环境中有强大的感染力，而且是组成环境设计的重要因素，用它本身的形与色装饰着环境。

对于城市本身的审美来说，形式的变化美感是非常重要的。我们身处城市的建筑大多具有相同的结构，四四方方，缺乏变化。

但雕塑富于生命力的变化性，作为立于城市公共场所中的雕塑作品，它能在高楼林立，道路纵横的城市中，起到缓解因建筑物集中而带来的拥挤、迫塞和呆板、单一的现象，有时也可在空旷的场地上起到增加平衡的作用。所以雕塑成为城市建设中不可忽视的一部分，是美化城市的重要方式。

城市雕塑是城市文化的"名片"

雕塑从文化的角度上是具有精神意义的，作为城市文化的构成部分，雕塑艺术代表了这个城市、这个地区的文化水准和精神风貌。一些城市中的优秀城市雕塑作品以永久性的可视形象使每个进入所在环境的人都沉浸在浓重的文化氛围之中，感受到城市艺术气息和城市的脉搏。这就不得不让我们想起美国纽约的"自由女神"、丹麦哥本哈根的"美人鱼"、比利时布鲁塞尔的"撒尿小孩"、俄罗斯圣彼得堡的青铜骑士雕像等，这些城市雕塑之所以能让我们轻易地记住和想起，之所以真正成为一座城市的标志性建筑，就是因为它们与城市传统文化有着密切的关系，与历史文化交相辉映，在题材等方面往往以该城市闻名的历史传说、历史事件、人物或悠久的传统文化为依托，才同时成就了这些雕塑和这些城市的名声。

所以，一座好的雕塑就是一座城市精神的象征，应该成为这个城市文化的"名片"。很多时候，城市雕塑更是作为一种纪念存在着，它们也总会让发生的一些重要事件对人们产生持续的影

响，比如，北京天安门广场的人民英雄纪念碑就象征了我们国家不屈不挠的反抗精神，这不仅对北京市民产生着影响，对我们整个民族乃至全世界都产生着持续影响。

光创造的空间

一场成功的舞剧需要多个方面，包括服饰、演员、音乐、灯光等的完美配合。相信很多人都看过芭蕾舞，尤其是著名的《天鹅湖》舞剧，无不给人美的享受，尤其是那些美轮美奂的灯光。随着舞台上灯光的明暗强弱变化，故事的形势及人物的情绪都起着不同的微妙变化。如王子向佳丽们邀舞时，灯光柔和地逐一抚过佳丽的脸，被王子邀舞的一刻，她们的脸庞明亮了，她们的心也在发光；当王后为王子举办挑选新娘的舞会时，魔法师引领着黑天鹅出现在舞会上，此时整个舞台的灯光都暗淡下来，唯有三束灯光打向了王子、魔法师、黑天鹅，当王子接受黑天鹅与之共舞时，魔法师也消失在了黑暗之中，整个舞台上只能看见王子与黑天鹅在舞蹈。选秀过后，天鹅湖边被绝望所笼罩，幽幽的光打在面上，为天鹅湖蒙上一层哀怨的面纱；取得最后胜利时，整个舞台霎时亮了起来，两盏强光照射在王子和公主的脸上，他们的笑比任何人都灿烂……

可见，神奇的灯光在此起的远远不止照明的作用。除了芭蕾舞剧，很多舞剧的舞台上都会充分运用灯光的作用，那么灯光到底都起了哪些作用呢？

光能制造空间感并美化空间

光的运用在生活中是非常常见的，但是唯有现代舞台是将光线运用到极致的一个环境。尤其是室内舞台，由于本身光线暗淡，就更需要用灯光来突出舞台上的演员，与此同时，光还创造了一个良好的美的展示空间与欣赏空间，让观众置身于暗处利于欣赏，演员在明处，以利于专注演出。这样的效果后来也被运用到室内的空间美化上。如很多饭店喜欢用光线来分割座位，一张桌子使用一组灯光，让顾客在开放的环境中能感觉拥有一个相对独立的空间。很多居室建筑设计，为了扩大小户型的视觉面积，户型的样板间也常用顶灯、射灯等来照亮顶部，明亮的光线能造成空间扩大的错觉。还有在悬挂着中式门窗的墙上设置暗灯的方法，可以在突出中式装饰的同时，制造门窗外还有空间的感觉，也能增加室内的空间感。

光能制造出时空感

舞台灯光还可以表现非常复杂的内容：从观众方向投向舞台的灯光能起到突出舞台的作用，侧光则能加强人物和景物的立体感，单束灯光可以起到突出的作用，背景光可以加强空间感，多层的背景加逆光可以制造出更多层次的景物，蓝色的光线可以表现寒冬，绿色的光线可以表现春天，橘红的光线可以表现夏天，黄色的光线可以表现秋天，一些流动的光还可以制造下雪、落叶、起风等效果……光线不仅可以让舞台瞬间呈现出时空的变换，还能起到刻画人物心理，烘托剧情的作用。

所以优秀的舞台剧，必然需要一流的舞台灯光来衬托。百老汇作为最经典的舞台剧场，其舞台剧都拥有一流的舞台灯光设计。尤其值得一提的是《光影马戏 LUMA》，与传统的百老汇舞台剧相比，它利用了最新最前沿的电光影技术，制造了最美最震撼的光影效果，让人置身于光的颜色和运动的奇幻之中。光的舞台，本身就是一件很美的艺术品。

光能细化事物的空间感并美化事物的形象

光对于摄影来说非常重要，可以说是摄影的第一法则。很多摄影者总是为了捕捉完美的光线而花费很多时间和精力。在外景人像摄影中，反光板多是作为补充光源，对人物的暗部进行补光。如：侧逆光，逆光条件拍摄人像，人物的明暗反差较大，通过反光板补光使明暗反差降低，提高暗部的亮度。丰富暗部层次，加强了对人物的表现力，对刻画人物个性都起到了重要的作用。

最重要的是利用反光板反射出不同的光部，以塑造出不同人物形象。假如被拍摄者为女性，需要把她的面部缺点消除，展现出女性皮肤的细腻，有光泽，而且把脸形修饰得非常漂亮，就需要在人物的鼻子下面出现一个蝶形的光影（三角光），使人物的脸看起来瘦小，并且有立体感，因为是逆光拍摄，使整个人物的轮廓都非常分明，脱离了背景，人物的发丝都能展现得非常清楚，使整个画面层次分明，动感十足。

如果想塑造出男性的棱角感和立体感，突出男人的深沉与稳重，多采用侧面补光，要想达到这种效果，首先要让人物的面部有很强的明暗对比，这样才能突出人物个性，那么怎么样才能补出这种光效呢？因为人的面部从侧面看会有很明显的棱角感，所以在侧面补光时，光不是很均匀地分布在面上，有明显的明暗对比。当反光板从人物的前侧方（大约45度角）反射到人物面部时，在人的脸上会出现一个较亮的光形来，俗称伦勃朗光，这两种光效能体现出男人的深沉与沧桑，多用在男性拍摄与肖像摄影中，所以严肃的表情很能体现人物的性格。

因为光是通过很多不同的方向折射到人物身上的散光源，方向感非常弱，所以光比反差极小，虽然照射在人物上的光线很柔和，而且没有其他杂光的影响，光的分布也很均匀，但是如果想拍出有立体感的作品，就必须利用反光板与外拍灯的结合达到拍摄要求，如果色温达不到拍摄要求时就必须用外拍灯来补，以达到拍摄所需的色温。一般不会直接用外拍灯照在人物的面部，那样光质的反差过大，摄影师不易控制曝光量，最好是把外拍灯打到反光板上，然后再反射到人物面部，这样光线比较柔和，光比的反差也有了，并且敏感反差又不是很大。

让人迷醉的声音

伊莉莎是一个卖花女,她虽然聪明伶俐,颇有姿色,但因为出身贫寒,所以言谈举止都难登大雅之堂。希金斯是一位学识渊博的语言学家,他在和朋友散步时注意到伊莉莎,并扬言只要经过他的调教,即使是粗俗如伊莉莎,也能成为一个贵妇人。伊莉莎听后怦然心动,上门求助。

为在打赌中战胜朋友,希金斯倾力调教伊莉莎。时光流逝,伊莉莎果然脱胎换骨,多次出席上流社会的社交活动都从容过关并艳惊全场。但教授虽然尽心尽力教导伊莉莎,却粗心地忽视了她的感情,态度简单粗暴。伊莉莎日益苦闷,感觉自己只是教授的工具,毫无尊严。终于在一次盛大社交活动结束后,身心俱疲的伊莉莎和教授针锋相对,愤然出走。失去了伊莉莎之后,教授才发现自己对她已经有了师生之外的情感。

这是好莱坞著名影星奥黛丽·赫本主演的电影《窈窕淑女》的情节,相信很多人都看过,其中有一个细节,就是教授训练她的第一个步骤就是——学会优雅地说话、优雅地唱歌、优雅地展现声音美。

视觉只会令人清醒,听觉却能叫人心醉。真正让人感觉舒服的女人,姿色未必出众,但声音一定迷人。所以有人说:声音是女人的第二张脸。声音真有那么大的魅力吗?

声音里的情感能动人

人与人之间最重要的沟通是语言,而语言传递的最基本方式是声音。

常常听别人夸赞某个女孩子,会特别提到她的声音有多好听。而通常我们刚结识一个新朋友,就算对方长相一般,但声音好听的话,也会打出一个不错的印象分数。

因为一个人说话时的情绪、表情和态度,都能够直接从声音里面切实地传递给对方。像接电话之前先用几秒钟的时间稍微调整一下心情,让自己微笑着去接听电话。这样的声音传达给对方,对方也能够立刻感受到你的微笑和愉悦,就会留下好印象。再有就是听音辨人,每个人的声音都是不一样的,各有各的特点,所以我们常常能一接到电话,在对方自报家门之前就能准确地说出对方名字,于是总能得到惊喜的回应:"哇,你怎么知道是我呀?"这也是让别人喜欢你的一个好方法,因为对方会觉得你很重视他。

声音中的技巧能吸引人

有一次,意大利著名的表演艺术大师哥兰特到巴黎演出。公演前,法国上层社会名流为哥兰特举行盛大的招待会。

招待会上,有人提出请哥兰特为大家朗诵诗歌,得到所有人的一致赞同。哥兰特推脱不了,只好应允,随即朗诵了一首《无题》诗。由于他不会讲法语,只好用意大利语朗诵。他朗诵时,时而悲愤,时而泣不成声。他那抑扬顿挫的音调,好像在向听众倾诉

一腔难以叙完的悲惨遭遇，一时感动得四座的名流与贵妇怆然而涕下，他的朗诵完全征服了巴黎上层社会的名流。哥兰特讲的是意大利语，而听众都是法国人，他们根本听不懂意大利话。而且哥兰特朗诵时，手里拿着一张纸，没有任何动作，不可能靠面部和形体动作来征服听众。一位好事者，通过翻译，非要知道哥兰特朗诵的内容。最后，哥兰特向朋友公开了这首《无题》诗的秘密。令人惊奇的是，朗诵的内容竟是一张意大利式豪华型的宴会菜谱。大家听了，气氛异常热烈，掌声再次响起，无不为哥兰特高超的语言表达技巧所折服。

音乐是声音美的典范

音乐属于听觉艺术，音乐的物质媒介是声音，所以也可以说，音乐是关于声音的艺术。在音乐美中，声音美的地位极其重要。音乐同其他艺术相比，其长处在于表情性。声音的表情性在音乐中得到充分运用。音乐最能展现声音美。

为什么人们会喜欢"听歌"？而且又为什么，大部分人看某个电影，看完一次后就不想看第二次，然而对于"音乐"，他们却会"一遍又一遍"地听"很久很久"？这里面包含了什么秘密吗？这是因为客观世界中"物体"可以发出各种"声音"，而这些物体又与我们的"切身利益"和"安全"紧密相关；于是那些"物体"的各种"声音"与"危害与利益"等联系到了一起，而我们的"喜怒哀乐"又是与事物对我们的"危害与利益"相关联的，那么当我们听到类似的"声音"时，就会产生"情绪"上的变化（相当于条件反射/链化反应）；同理，各种"声音"也可以引发各种"思考"。所以，既然"音乐"可以帮助我们"加强情绪"和"思考"各种事物，那么我们自然会喜欢它。对于"电影"来讲，人们更多的是看"情节"，并吸取里面的"经验"，但一旦看完了，也就一般不会有兴趣看第二遍了；而对于"音乐"来讲，人们是要通过"音乐"来感受各种"情绪"或"思考"各种"问题"，所以自然就会"反复"地"倾听"了。

声音里的情绪

在生活中，你会发现，当你与人讨论时，如果你大声说话，那么对方也会提高嗓门，这样双方就会越来越激动，最终会导致谈话偏离主题，甚至是争吵。而如果你声音和顺柔婉，那么对方也会用和顺柔婉的声音和你说话。还有，如果别人用非常急切的语气和你说话，你的也会不由自主地随之变得急切起来。如果别人用非常悲伤的声音和你说话，那么你也会不由自主地感到悲伤。为什么会产生这些变化呢？声音可以用来表达情绪吗？

每个人都会通过声音表达自己的情感并去感染他人

声响和气味的分歧形态可以传达丰厚的情绪，它是我们常常用到的语音修辞方法。白话是人们生涯中最主要的情绪信息的载体，这些情绪信息比拟多表现于语气上；白话修辞就是传达情绪信息的编码技巧。

不同的声音，代表发音者不同的表情；不同的表情，会给听者不同的心情。声音表情里透出的个人气息，一般人难以掩藏。如歌手许巍的声音，不刻意表现忧郁，也不歇斯底里地煽情，麦克风前，他从来都是漫不经心地哼着曲子，声音真实却又赤裸裸地袒露着，传入听者耳朵里。跟着他的声音，你会不由自主就哭了。

一般来说，节奏缓慢的音乐一般带给人平静、安宁的感受，而节奏较快的音乐则带给人激情。有人做过这样一个实验，把贝多芬的名作《欢乐颂》放慢节拍，不可思议的是这样一曲人类大同的颂歌竟然变成了"哀乐"。缓慢的节奏给人忧郁悲愤的感受，柴可夫斯基的《悲怆交响曲》如是；轻快的节奏给人欢快热烈的感受，贝多芬的《黎明》亦如是。

英国的鲍威尔曾对音乐的表情性做过研究，发现不同的乐调对人产生不同的影响。C大调：纯洁、果断、沉毅；G大调：真挚的信仰、平静的爱情、田园风味、带有若干谐趣，为少年最爱听；G小调：有时忧伤，有时欣喜；A大调：自信、希望、和悦，最能表现真挚的情感；A小调：女子的柔情，北欧民族的伤感和虔敬心；B大调：用时甚少，极其嘹亮，表现勇敢、豪爽、骄傲；B小调：十分悲伤，表现晤静的期望；升F大调：嘹亮、柔和、丰富；升F小调：阴沉、神秘、热情；降A大调：梦境的情感；F大调：和悦、微带悔悼、宜于表现宗教的情感；F小调：悲愁。

意大利有位演员，在一次表演前要求演出朗读天然数 1~100 的"节目"。观众对朗读单调的数字不感兴致，有的竟喝起了倒彩。然则，当那位演员在台上将一个个单调的数字说得有条有理、充溢感情时，全场的观众被降服了。人们听到的已不再是索然无味的数量字了，似乎听到一小我在诉说本人苦楚的反悔。有的观众被深深感动了，甚至涌出了热泪。

你看，这些故事都说明了声音对情绪的表达，超出了语言内容本身。

学会通过声音表现你的正面

一个温和、友好、坦诚的声音能使听者放松，增加信任感，降低心理屏障。

热情的展现通常和笑容连在一起，如果你还没有形成自然的微笑习惯，试着自我练习，这里介绍两种方法：第一，将电话铃声作为开始信号，只要铃声一响，微笑就开始。第二，照着镜子，让你每次微笑时能露出至少八颗牙齿。如果你的微笑能一直伴随着你与听者的对话，你的声音会显得热情、自信。

太快和太慢的语速都会给听者制造各种负面的感觉空间。说话太快，听者会认为你是一个关注自我的急性子；说话太慢，听者会对你不耐烦，恨不得早早地跟你说再见。所以，用不快不慢的语速与听者交流是我们每个人必修的内容。另外，还有两个方面值得注意：第一，语速因听者而异，也就是说，对快语速的听者或慢语速的听者都试图接近他们的语速。第二，语速因内容而异，也就是说，在谈到一些听者可能不很清楚或对其中特别重要的内容可适当放慢语速，以给听者时间思考理解。

乌鸦的叫声

有一天，有只乌鸦向东方飞去。在途中，它遇到一只鸽子，大家停下来休息。

鸽子非常关心地问乌鸦："乌鸦，你要飞到哪去呀？"

乌鸦愤愤不平地回答："鸽子老弟，这个地方的人都嫌我的声音难听，所以我想飞到别的地方去。"

鸽子听后，忠告乌鸦说："乌鸦老兄，你飞到别的地方还是一样有人讨厌你的。你自己若不改变声音和形象，到哪里都没有人欢迎你的。"乌鸦听了，惭愧地低下了头。

这是一个幼儿启蒙故事，告诉他们别有问题就责怪外界，很多时候问题恰恰是出在自己身上。

但是从这个故事中我们可以发现，人们对声音的美也有着一定的标准。可见，这个世界上不是所有声音都悦耳动人的，还有一些声音是刺耳让人烦躁的。

人们对声音的审美具有主观性

英国索尔福德大学声学工程教授特雷弗·考克斯提出了网络投票的主意，研究人员建立了一个网站，在上面放了34种不同的声音文件，然后网民按照自己对这些声音的厌恶程度打分。全世界大约110万人的投票结果显示，呕吐的声音排名第一，将指甲划过黑板表面的声音等一些被认为可能"夺冠"的噪音一举"击败"。

考克斯说："从科学的观点来看，我们实在不明白，为什么有些声音那么让人厌恶。但对这些声音的反应恰恰是我们人性的一部分。作为工程人员，我们希望了解人们最讨厌什么声音，这样我们就可以在设计（产品等）时将这些声音消除，或者至少降低它们的影响。"

研究人员发现，参与调查者的性别和年龄不同，他们对什么噪音最难听的看法也有很大差别，其中尤以性别差异最为明显。研究人员说，女性给25种噪音的打分都高过男性，但在婴儿啼哭声上，男性的打分却远远高于女性，而年龄差别也十分有趣。研究人员发现，对10岁以下和40、50多岁的参与调查者来说，世界上最难听的声音不是呕吐，而是牙医钻牙的声音。

从这个调查中我们可以发现，声音其实是一种和主观色彩挂钩的审美。

尖锐声音让人难受是声波作怪

所谓尖锐声就是超高频率的声波。高频震动到耳膜后利用神经传到大脑。一种效应是耳膜震动太快会痛，另外就是脑神经无法接受这种频率，所以产生抗拒。所有生物都有讨厌某特定频率范围的本能。所以就有赶蚊子的震动器。

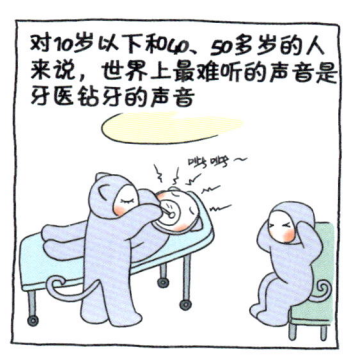

科学家说古人猿在受到危险或攻击时会发出1 000赫兹左右的声音，我们感到很难受或许是因为那是当时的后遗症。

这种尖锐的声音与某类猴子在察觉到危险情况时发出的声音相仿，所以有一种说法认为，这是人类在进化过程中残留下来的一种回避险情的条件反射之一。用指甲在玻璃黑板上乱划的声音的确令人产生一种说不出的讨厌。在美国，人们把这种声音叫作"blackboard screech"（黑板的金属切割声）。究竟是什么原因使得人们听到后浑身感觉不自在呢？美国西北大学神经科学研究所对这种凄厉的声音的研究工作始于1988年。声音就是空气振动，通过振动在1秒钟内形成的波的次数称之为"周波数"，单位用赫兹（Hz）表示。比如大座钟的声音低沉，周波数很低，而喷气式飞机起飞前发出的尖叫声周波数就很高。人耳可以听到20赫兹~20 000赫兹的声音。

对划黑板声的研究是从分析它的周波数结构开始的。自然界的声音是有许多周波数集中形成的，能够引起人们听觉不愉快的原因首先怀疑的是周波数高。于是，从黑板的声音中先去除了周波数高的声音，但是，那种刺耳的感觉仍然存在。

接着，把注意力集中在周波数稍低的声音上，将周波数在1 000赫兹~2 000赫兹范围内的声音（1 000赫兹的声音大概接近于女高音美声中的最高音域）摘除掉，结果令人浑身不自在的声音没有了。对声音的大小也进行了实验，其中没有因果关系。因此，造成听觉不快的原因并非黑板声音中最高的周波数。

把这种声音与自然界的声音进行了比较,结果意外地发现,一种猴子在察觉情况危急时发出的尖叫声(警戒声)与这种玻璃黑板的划声极为相似。接受了这个实验结果以后进行推测,我们在听到这种声音以后出现的毛骨悚然的不自在感觉,也许是我们人类刚刚学会用两条腿走路时的"远古记忆",即唤醒了我们沉睡已久的"附近有险情存在"的远古记忆。也就是人类在进化过程中依然残留着这么一种条件反射。

再者,分析人们看到电影中恐怖镜头的时候发出的尖叫声,据说无论是哪个国家的人,其尖叫声的周波数都极为相近。看来这种不快的感觉是相通的,这里也许潜在一个与我们人类的起源交织在一起的重大课题。

让人崩溃的声音

研究人员原本以为打鼾等生活中常见的噪音会被众人"唾弃",在排行榜上夺得"高位",但打鼾最后排名仅26,甚至还比不上排名并列12位的猫叫春和手机铃声。除了打鼾,指甲划过黑板表面的声音在研究开始前"呼声"也很高。有人专门研究过这种声音为什么让许多人讨厌。他们认为,这种声音同猿猴示警的声音很类似,进化将对这种声音的警觉传给了人类。不过最后,这种噪音排名16,夹在擤鼻涕和碾轧泡沫塑料之间。

不过研究人员说,呕吐等声音排在前列在意料之中,人们对这些声音的厌恶与文化有关,同时,人类在进化中形成的规避疾

病本能也可能与此有一定联系。

前十名刺耳的声音分别是：1.呕吐声；2.麦克风发生回馈反应的啸叫声；3.婴儿啼哭和金属擦刮声（并列）；4.吱吱响的跷跷板；5.拉得极差的小提琴；6."放屁"坐垫（一种坐上去可模拟放屁声的坐垫，一般用于恶作剧）；7.肥皂剧中的争吵；8.交流电干扰噪音；9.袋獾的叫声。

听声识人

人们都会有这样的经历，那就是当与一个人非常熟悉之后，只闻其声就能辨其人。尤其是在与人打电话时，即使对方并未表明自己的身份，人们也会很轻易地通过声音的识别就能知道对方是谁。

此外，人们也会通过歌声来分辨歌手，因为有的歌手声音非常有特点，绝对不会和别人的声音相混淆，但是有的歌手的声音却"面目不清"。这是为什么呢？

声音具有辨识度

声音辨识度可以分成音色本身的辨识度和歌曲处理方式的辨识度。关于音色的辨识度，是靠寻找一个特殊的发音位置来获得一个特殊的音色。

至于音色本身带来的天然辨识度，值得珍视。特色通常就意味着奇怪，有个奇怪的声音不难，声音的奇怪能够变现成声音的美，很难。不仅需要人的后天能力，更需要一个天然指标，需要声音"奇怪"程度的一个合适的度。如果这份奇怪影响到事关美感的重要指标，恐怕就过犹不及。美的标准不是绝对真理，但是，它是一份得到普遍尊重的约定俗成。

究竟何谓声音的辨识度？很多人走入了误区，认为有别于传统的、主流的声音就是声音的辨识度，其实这只是其中之一，很多歌手，比如维嘉、侃侃等，明显具备女中音的气质，但却没有走的更远；空灵的王菲菲，却终究没能大红大紫；万里挑一的绵羊音曾轶可，却只能含恨止步于快乐女生七强，等等，不一而足。显然，具备过耳不忘的声音就想驰骋歌坛，无异于痴人说梦！

声音的辨识度是一个综合的概念，与众不同的声音只是其要素之一。很多歌手想要靠自己独特的声音来取胜还不够，因为声音的辨识度还应该与唱功、唱腔等因素唇齿相依，当然唱功应该包含音域、吐字、音准、情感表达、歌手二度创作的本领等；唱腔应该是歌手对不同音乐曲风的运用和驾驭能力。

上个世纪八九十年代，家喻户晓的李谷一可谓风光无限，作为民族歌手，影响力出其右者，至今仍是凤毛麟角，花腔女高音的李谷一，声音的辨识度毋庸置疑，花鼓戏出身的她唱功也是可圈可点，而在唱腔上，也是最早将气声唱法即通俗唱法融入民族唱法的歌唱家，致使她的歌曲真正做到了雅俗共赏，传唱至今仍经久不衰！可以说，声音的辨识度成就了李谷一。

辨识度和好听与否

声音辨识度实际上是指音色的独特性。声线的特点体现在音质和辨识度两个方面。辨识度主要决定于声带特点，声带狭长且很薄的，音色就会很清亮，反之，声带宽厚的，音色就会很低沉。

但准确地说，声音辨识度决定于声线特点，声音辨识度实际上是一个人的声音区别于他人的特征。蔡琴、田震等女歌手的辨识度也很高，相对而言，张靓颖欠缺一些辨识度，但是先天的音色弥补了这点不足。

乐感好，音质优美，同时声音辨识度又非常高，音域也相当宽泛，但并不说明有非常好的音乐天赋，在这里，人的理解力是决定因素。理解力和歌唱技巧是结合在一起的，就是常说的一个唱歌的人能否"入歌"。可以说理解力是唱歌成败的关键，天赋再高，不能理解歌曲的内涵，终究无法和听众达到互动，或者说知觉上的共振，那样就是一个败笔。有时候，"好听"不代表是一首好歌。克里斯·布朗就是一个例子，他的音质不算优美，高音乏力，但辨识度很好，虽然选择的歌曲并非主流，但是从他对歌曲的处理上可以听出其理解力和自我发挥的空间，能被听出故事或者情景的歌曲大多可以动人，当然这要双方都有类似的理解力，否则南辕北辙，对牛弹琴，贻笑大方而已。